Greg Glendell

Papageienschule

Greg Glendell zeigt, wie durch verantwortungsvolle und einfühlsame Haltung

Greg Glendell

Papageienschule

Aus dem Englischen von Claudia Händel

275 Farbabbildungen

Ulmer

Verhaltensauffälligkeiten bei Papageien vorgebeugt oder begegnet werden kann

Greg Glendell BSc (Hons)
Seit jeher interessiert sich Greg Glendell für Vögel. Als Hobbyornithologe führte er Feldstudien zu Lebensraumbedingungen und zur Züchtungsbiologie in Großbritannien heimischer Vögel durch. Nach seinem Studienabschluss der Umweltwissenschaften mit Kursen zu Tier- und Menschenverhalten arbeitete er im Artenschutz. Seinen ersten Papagei, eine Blaustirnamazone, erwarb er 1986. Dies führte zu seinem besonderen Interesse an dieser Vogelart. Seine Papageienzucht gab er auf, denn es gibt zu viele dieser Vögel, die ein gutes Zuhause suchen. Er selbst hält Graupapageien, Amazonen und einen Goldbugpapagei. Greg ist der einzige Vollzeit-Verhaltenstherapeut für als Heimtier gehaltene Papageien in Großbritannien. Er arbeitet in Somerset. Sie können unter der E-Mail-Adresse mail@greg-parrots.co.uk erreichen. Für weiterführende Informationen zu seiner Verhaltenssprechstunde besuchen Sie seine Homepage: www.greg-parrots.co.uk http:///www.greg-parrots.co.uk/

Danksagungen
Der Autor möchte Rachel Lewis für ihre Anmerkungen zum Text danken. Red, Martha, Mr. Big und Jasper hatten wie immer einen großartigen Auftritt.

Titel der englischen Originalausgabe: Breaking Bad Habits in Parrots
Aus dem Englischen von Claudia Händel
Erschienen 2007 bei Interpet Publishing, Vincent Lane, Dorking, Surrey RH4 3YX, England

Redaktion: Philip de Ste. Croix
Design/Gestaltung: Philip Clucas MCDS
Fotograf: Neil Sutherland
Grafische Darstellungen: Martin Reed
Register: Amanda O'Neill
Produktionsleitung: Consortium, Suffolk
Druckproduktion: Sino Publishing Hause Ltd. Hongkong

Umschlag der deutschen Ausgabe: Titelfoto: Bildagentur Waldhäusl/Diez, O./Arco Images GmbH, Einklinker: iStockphoto/Imad Birkholz

Bibliografische Information der Deutschen Nationalbibliothek
Die Deutsche Nationalbibliothek verzeichnet diese Publikation in der Deutschen Nationalbibliografie; detaillierte bibliografische Daten sind im Internet über http://dnb.d-nb.de abrufbar.

Wollgrasweg 41, 70599 Stuttgart (Hohenheim)
E-Mail: info@ulmer.de
Internet: www.ulmer.de
Umschlagentwurf: Wiebke Hengst, Ostfildern
Lektorat: Dr. Eva-Maria Götz, Gabi Franz
Herstellung: Ulla Stammel
Druck und Bindung: Sino Publishing House Ltd, Hong Kong
Printed in Hongkong

ISBN 978-3-8001-5634-4

Inhalt

Einführung

Dieses Buch richtet sich an die Besitzer von Hauspapageien. Es soll ein praktischer Leitfaden sein, der dem Papageienhalter hilft, das Verhalten seines oder seiner Papageien, unabhängig von der jeweiligen Art, zu verstehen.

Zusätzlich zu einer ausführlichen Anleitung, wie man eine gute Beziehung zu seinem Heimvogel aufbaut, gibt das Buch einen Einblick in das natürliche Verhalten von Papageien und ihr Leben in freier Natur. Es erklärt Einzelheiten zur „Sprache" der Papageien – ihren Rufen und ihrer Körperhaltung – und wie diese Verhaltensweisen zu deuten sind. Darüber hinaus werden die Verhaltensgrundlagen und vor allem die Gründe für die Verhaltensweisen der Vögel aufgezeigt. Obwohl detailliert auf die Anwendung bewährter wissenschaftlicher Methoden für das Verständnis und die Veränderung von Verhaltensweisen eingegangen wird, soll das Buch von praktischem Nutzen für den Leser als Vogelhalter sein. Fortgeführt wird diese Betrachtung durch einen Teil, in dem gezeigt wird, wie Sie diese Methoden auf Ihren Vogel anwenden können, um sowohl Problemen in der Zukunft vorzubeugen oder aktuelle Probleme zu lösen. Verhaltensstörungen wie Nervosität, Aggressionen, Federrupfen, übermäßiges Kreischen und Zerstörungswut werden hier behandelt. Versteht man die Ursachen dieser Störungen, können diese meist behoben werden, indem man die angeborene Intelligenz dieser Tiere zur Veränderung des Verhaltens nutzt.

Besonderes Augenmerk wird darauf gelegt, den Heimtierpapageien möglichst viele natürliche Verhaltensweisen zu erlauben, und wie die Haltungsbedingungen der Vögel verbessert werden können. Im Gegensatz zu vergleichbaren Büchern über Hauspapageien vertritt dieses Buch nicht die Auffassung, dass die Flügel der Vögel gestutzt werden sollten. Immer mehr Menschen möchten ihre Papageien als Flugvögel halten, daher erklärt dieses Buch ausführlich, wie Sie Ihrem Vogel Grundkommandos zum Fliegen beibringen. So erhalten Sie einen gut trainierten Papagei, der auch zum Fliegen animiert werden kann.

Möchten Sie Ihrem Vogel das Sprechen beibringen, sollten Sie Wörter und Sätze in ihrem richtigen Zusammenhang anwenden, so wie Sie es bei einem Kleinkind tun würden. Dadurch können Sie eine viel intensivere Kommunikation mit Ihrem Vogel erreichen. Des Weiteren beschreibt das Buch, wie Sie einen entflogenen Vogel wieder einfangen und wie Sie im Notfall Erste Hilfe für Ihren Papagei leisten.

Papageienschule bietet einen neuen, erfrischenden Ansatz der Papageienhaltung, damit Sie und Ihr Papagei das Beste aus Ihrer beider Gesellschaft machen. Vögel sind faszinierende Lebewesen und besonders die Familie der Papageien verfügt über einzigartige Fähigkeiten. Die Haltung von Papageien ist ein echtes Privileg. Dieses Buch möchte Ihnen einen tiefen Einblick in das Leben Ihres Papageien vermitteln.

Oben: *Arakanga. Aras sind wie alle Papageien hochintelligente Vögel mit vielschichtigen Bedürfnissen.*
Rechts: *Die Schönheit von Papageien kommt am besten im Flug zur Geltung, wie bei diesem Paar Gelbbrustaras.*

Papageien in der Natur

Viele Heimtiere wie Hunde und Katzen wurden über Jahrtausende hinweg domestiziert. Einige Arten werden auf bestimmte Wesensmerkmale gezüchtet, manche wünscht man sich sanftmütig, andere weniger. In Gefangenschaft gezüchtete, handaufgezogene Papageien sind jedoch ganz anders. Von ganz wenigen Ausnahmen wie Wellen- und Nymphensittichen abgesehen, kann man Papageien nicht als domestizierte Tiere bezeichnen. Trotz ihrer Haltung als Heimvögel behalten alle Papageien ihr Wildtierverhalten und ihre -ansprüche bei. Damit beschäftigt sich dieses Kapitel. Das Verständnis dieses Verhaltens ermöglicht aufschlussreiche Einblicke in ihre Bedürfnisse in Gefangenschaft.

Grünflügelaras. Wie die meisten Papageien leben auch sie in oft sehr großen Schwärmen. Ihr Lebensraum kann sich über viele Quadratkilometer erstrecken.

Sicherheit durch Gemeinschaft

Alle Papageien sind Raubvögeln wie Falken und anderen Beutegreifern schutzlos ausgeliefert. Um nicht als Mahlzeit eines Raubtiers zu enden, haben Papageien zwei wichtige Verhaltensmerkmale entwickelt. Erstens sind sie hochsoziale Geschöpfe und leben in Gruppen, meist ziemlich großen Schwärmen zusammen. Dies gewährt ihnen mehr Schutz vor Räubern, denn es achten mehr Augen auf mögliche Gefahren. Zweitens besitzen sie ein hochentwickeltes Repertoire an Rufen und Körperhaltungen, ihre „Sprache". Damit verständigen sich Papageien untereinander. Sie können sich gegenseitig über verschiedene Bedrohungen informieren, wie Raubvögel oder Raubtiere am Boden, ob und wann sie flüchten oder sich verstecken müssen. Andere Rufe dienen dazu, untereinander in Kontakt zu bleiben oder zu signalisieren, dass es Zeit ist, einen anderen Futterplatz oder den Schlafplatz aufzusuchen.

Kommunikationsfähigkeit

Papageien können viele Schwarmmitglieder als Einzelvögel erkennen, jeder Vogel kann Hunderte anderer Vögel unterscheiden. Ein Großteil des Verhaltensrepertoires der Papageien wird zur Verminderung der Aggression innerhalb des Schwarms genutzt. Wenn auch einzelne Vögel innerhalb des

Kapitel 1

Diese Kakadus tragen gerade einen kleinen Zwist aus. „Sprache" und Körperhaltung der Vögel werden zur Verminderung physischer Aggression eingesetzt.

Schwarms selbstbewusster sind als andere, so besitzen Papageien keine klare Hackordnung wie die Hühner. Papageien benutzen ihre Sprache, um ihre Reaktionen auf ihr Umfeld und gegenseitigen Absichten auszudrücken. Mit Hilfe der Rufe und Körperhaltungen können Aggressionen innerhalb des Schwarms stark vermindert werden. Ernsthafte Kämpfe zwischen wildlebenden Vögeln sind sehr selten. Die meisten Papageienarten haben in ihrem Lebensraum ausreichend Nahrung zur Verfügung und somit zanken sie sich kaum um Futter. Gibt es jedoch nur wenige Nistplätze, können Streitereien darüber entstehen.

Wildlebende Papageien können überallhin fliegen. Viele Vögel fliegen jede Woche Hunderte von Kilometern zwischen ihren Futter-, Schlaf- und Nistplätzen hin und her. Dies ist Teil ihres normalen Verhaltens. Manche Arten wie die Wellensittiche und einige Kakadus sind Nomadenvögel. Sie schlafen alle paar Tage an einem anderen Ort, da sie neue Gebiete nach Futter- oder Nistplätzen absuchen. Andere Arten wie die afrikanischen Graupapageien und die meisten Amazonen sind sesshafter. Ihre Lieblingsfutterplätze liegen innerhalb eines weiträumigen, aber begrenzten Reviers.

Die Bedeutung des Fliegens

Die Bedeutung des Fliegens für Papageien sowie für andere Heimvögel kann nicht genügend betont werden. Über Jahrmillionen hinweg haben Papageien das Fliegen perfektioniert. Ihre Lebensweise und Anatomie haben sich an die Fortbewegung in der Luft vollkommen angepasst. Jeder Körperteil eines Vogels, sein leichtes Skelett, die stabilen aber sehr leichten Federn, die kräftigen Brustmuskeln und das relativ massige Herz, ist darauf ausgelegt, mit beträchtlichem Flugtempo bei minimaler Anstrengung zu fliegen. Daher leben Papageien stärker in einer dreidimensionalen Welt als die meisten anderen Säugetiere, so wie wir, die erdgebunden sind.

Papageien fliegen mit rund 60 km/h und können täglich weite Strecken leicht und schnell zurücklegen, wenn sie nach ihrem Lieblingsfutter im Wald suchen.

Zum Fliegen geboren

Durch ihre Flugfähigkeit haben Vögel ein besonderes Verhältnis zur Höhe von Dingen in ihrer Umgebung. Niedrig gelegene Nahrungsquellen oder solche am Boden bergen ein größeres Risiko für die Vögel als Nahrung in Baumwipfeln, wo sich Papageien relativ in Sicherheit aufhalten können. Zu tief gelegene Nisthöhlen suchen sie nicht auf und ein über ihnen fliegender Falke ist viel gefährlicher als einer unterhalb des Schwarms.

Wie alle Flugvögel besitzen auch Papageien eine instinktive Fluchtreaktion, die sie davor bewahrt, als Beutetier zu enden. Da es sich um einen Reflex handelt, können sich die Vögel diesem kaum entziehen, etwa so, wie wenn Sie schnell Ihre Hand von einer heißen Stelle wegziehen, bevor Sie sich verbrennen. Der Fluchtreflex des Vogels führt dazu, dass er sich sofort in die Luft erhebt, wenn er sich durch ein anderes Lebewesen oder Ereignis ernstlich bedroht fühlt. Mit einer Fluggeschwindigkeit von 55 bis 80 km/h können Papageien den meisten Raubtieren entgehen, sofern sie sie rechtzeitig entdecken. Heimvögel besitzen diesen Fluchtreflex ebenso, selbst wenn ihre Flügel gestutzt wurden, denn Reflexe stehen nicht unter willkürlicher Kontrolle. Daher neigen Vögel mit gestutzten Flügeln zu Bruchlandungen auf hartem Grund.

Scharfe Sinne

Papageien können weitaus mehr Farben erkennen als Menschen. Zusätzlich zu den für uns sichtbaren Farben, die Mischungen aus rotem, grünem und blauem Licht sind, können Papageien UV-Licht erkennen, vermutlich als eine separate Farbe. Wir Menschen besitzen drei verschiedene Farbrezeptoren im Auge, die den für uns sichtbaren Farben entsprechen. Die meisten Vögel weisen vier auf, einschließlich des Rezeptors für UV-Licht. So können manche Vögel wie die Graupapageien, die für uns schlichte, graue Vögel mit rotem Schwanz sind, tatsächlich viele, für uns unsichtbare Farben aufweisen, die sie aber für ihre Artgenossen in

leuchtenden Tönungen erscheinen lassen. Papageien besitzen ebenfalls ein außergewöhnlich gut entwickeltes Gehör und nehmen Töne außerhalb unseres Frequenzbereichs wahr, genauso wie Hunde Ultraschalltöne. Sie können auch Töne hervorbringen, die wir Menschen nicht hören können.

Die Bedürfnisse des Vogels verstehen

Hauspapageien leben ganz anders als ihre wildlebenden Verwandten, viele müssen damit fertig werden, in einem Käfig zu wohnen. Sie fliegen sehr wenig, wenn überhaupt, und die Zeit, die sie in

Oben: *Rosakakadus bilden riesige Schwärme in Australien, wo sie in den Weizenanbaugebieten als Ernteschädlinge angesehen werden.*
Links: *In nur einer halben Stunde kann dieser Kakadu 30 km weiter anderes Futter fressen.*

Gesellschaft von anderen Vögeln oder Menschen verbringen, ist sehr begrenzt. Papageien sind jedoch hoch intelligent und können, sofern sie von einem sachkundigen Halter artgerecht behandelt werden, zufrieden in Gefangenschaft leben. Um hier erfolgreich zu sein, muss sich der Halter ein fundiertes Wissen über die Bedürfnisse seines Vogels und besonders seiner Verhaltensansprüche aneignen.

Tagaktivität

Da Papageien in Käfigen oder Volieren gehalten werden, könnte der zufällige Beobachter meinen, diese Vögel seien nicht besonders aktiv. Doch nichts wäre weiter entfernt von der Wahrheit, denn die Bewegungen von Vögeln in Gefangenschaft werden nur durch ihre Unterbringungsverhältnisse eingeschränkt. Wildlebende Papageien sind äußerst aktiv. Papageien können sich wie andere Vögel auch mit hoher Geschwindigkeit über lange Strecken fliegend fortbewegen, was andere Tiere nicht können. Wildlebende Papageien verfügen über eine große Auswahl an Futterplätzen, die Dutzende oder sogar Hunderte von Kilometern auseinanderliegen. Mit der Geschwindigkeit eines Pendlerzuges

können Vögel viele Kilometer in weniger als einer Stunde fliegen. Ein Papageienschwarm kann seinen Schlafplatz morgens verlassen und zum ersten Futterplatz fliegen, der über 30 km weit entfernt liegt und er braucht nur eine halbe Stunde für die Strecke. Die Vögel können im Laufe eines Tages viele verschiedene Futterplätze aufsuchen, die eine große Auswahl an Früchten, Samen, Nüssen, Blättern oder Blüten anbieten, je nach ihrem Geschmack. Papageien sind recht verschwenderische Fresser, die gerne Zweige, Rinde und unerwünschte Obst- und Samenreste von ihren Futterbäumen herunterfallen lassen. Dies kann dazu führen, dass die Bäume in den Folgejahren mehr Früchte oder Samen hervorbringen.

Dieser Afrikanische Braunkopfpapagei frisst eine große Vielfalt an Futter, unter anderem auch Blumen.
Bild oben: *Für manche Papageien wie diesen Allfarblori ist Nektar die Hauptnahrungsquelle.*

Die Saat der Zukunft

Papageien verteilen die Samen mancher ihrer Futterbäume unfreiwillig. Unverdaute Körner werden oft weit weg vom Futterplatz ausgeschieden. Aus einigen dieser Samen wachsen neue Bäume für die zukünftigen Vogelgenerationen. Manche Papageien nehmen Mineralstoffe an Lehmlecken auf, meist Klippen entlang der Flüsse mit nackter Erde, oder fliegen auf den Boden, um bestimmte Erden zu fressen. Dies dient ihnen zur Förderung der Verdauung oder Neutralisierung von Körpergiften. Manche Papageien in den tropischen Regenwäldern brauchen kein Wasser zu trinken, da ihr Futter genügend Flüssigkeit enthält. Vögel aus den trockenen Regionen mancher afrikanischen Länder und Australiens jedoch müssen an den meisten Tagen Wasser trinken.

einer solche Badesitzung. Diese Duschen sind lebenswichtig, damit das Gefieder der Vögel in einwandfreiem Zustand gehalten wird. Vögel mit schlechtem Gefieder fliegen nicht so gut und sind weniger vor Witterungseinflüssen geschützt. Selbst in den tropischen Regionen, aus denen die meisten Papageien stammen, können die Nächte manchmal kalt sein. Papageien in Menschenobhut müssen zur Gefiederpflege regelmäßig geduscht werden.

Wildlebende Papageien sind also höchst aktive Vögel und leben ein ausgefülltes Leben, indem sie den ganzen Tag über mit ihren Schwarmmitgliedern verkehren. Nur in der Nacht, wenn sie schlafen, ruhen sie sich aus und fliegen erst wieder, wenn die Dämmerung einsetzt.

Links: *Rosakakadus leben in Halbwüstengebieten und müssen fast jeden Tag Wasser trinken.*
Unten: *Viele Papageien wie diese Schwarzohrpapageien und Mülleramazonen fressen Erde an Lehmlecken. Dies unterstützt die Verdauung von anderem Futter.*

Aktivitäten des täglichen Lebens

Zu den anderen Aktivitäten der Vögel gehören Baden, Gefiederpflege und Nickerchen machen – die meisten Papageien verbringen den heißesten Teil des Tages tief im Schatten der Bäumen, wo sie in Sicherheit dösen können. Manche Papageien baden im Wasser, der Großteil jedoch nimmt eine Dusche und zwar, wenn es regnet. Dann plustert der Vogel sein Gefieder auf, um während eines Regengusses so nass wie möglich zu werden. Die Vögel turnen dabei auch in den Bäumen, hängen kopfüber, kopfunter, reiben sich an den Blättern und spielen viel während

Biologie der Papageien

Die Vögel bilden eine sehr große Tierklasse mit über 9000 Arten – doppelt so viele, wie es Säugetiere gibt. Es gibt 333 Papageienarten, von den winzigen Sperlingspapageien, die nicht größer als Spatzen sind, bis zu Aras von der Größe eines Adlers mit einer Flügelspannweite von 1½ Metern. Trotz dieser enormen Größenunterschiede weisen alle Papageien einen gleichartigen Körperbau auf, mit einem leichten, aber kräftigen Skelett.

Das Skelett

Wie die meisten Vögel sind Papageien hochspezialisierte Flieger, ihre Anatomie vollständig auf das Fliegen angepasst. Papageien verbringen genauso viel Zeit mit Fliegen wie auf den Bäumen oder am Boden. Ihr Skelett ist ein Kompromiss zwischen diesen beiden Bewegungsarten. Es leistet den Papageien gute Dienste.

Papageien haben leichte, hohle, oft luftgefüllte Knochen, die für trotz ihres wenigen Gewichts sehr stark sind. Die Evolution hat auf alle „unnötigen" Knochen und, wie bei allen Vögeln, auf alle Zähne

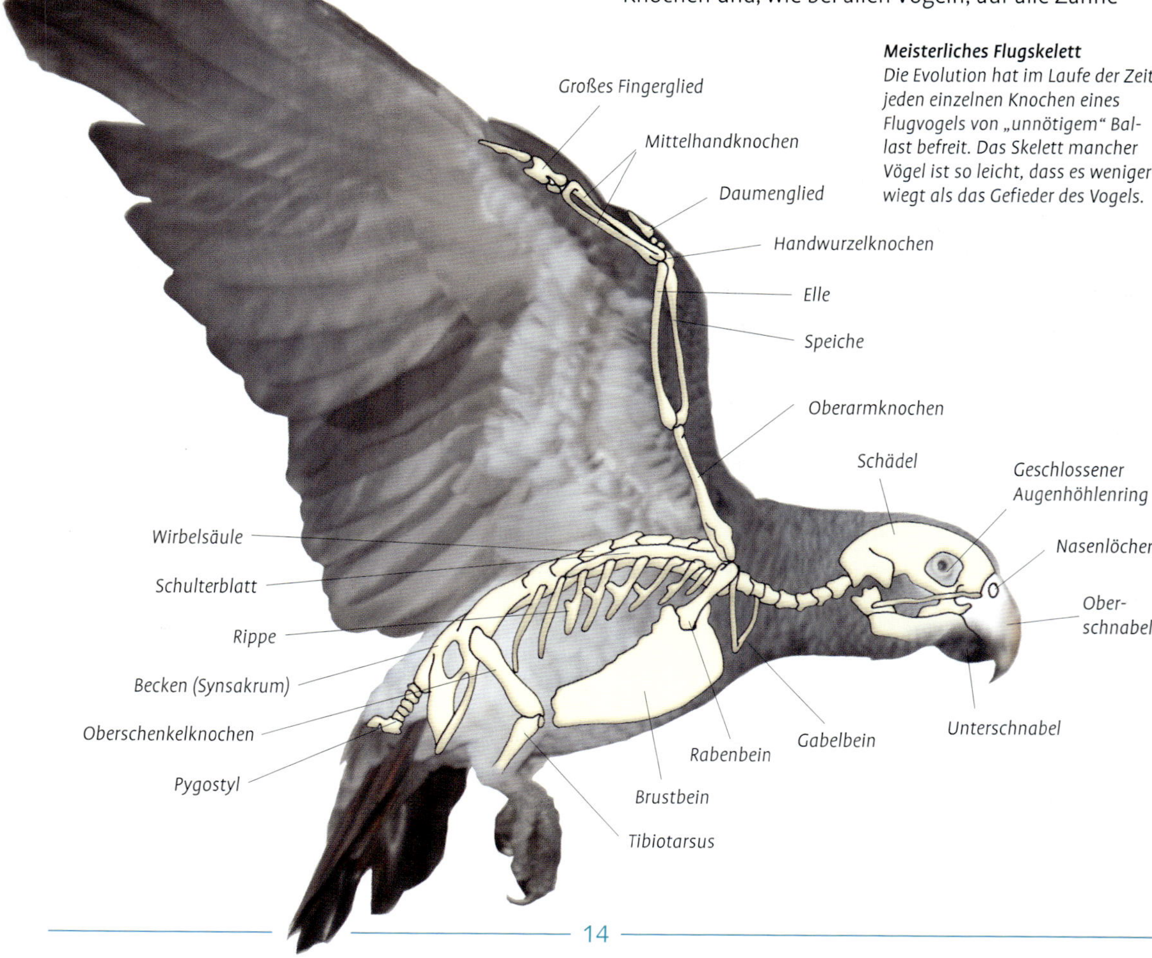

Meisterliches Flugskelett
Die Evolution hat im Laufe der Zeit jeden einzelnen Knochen eines Flugvogels von „unnötigem" Ballast befreit. Das Skelett mancher Vögel ist so leicht, dass es weniger wiegt als das Gefieder des Vogels.

Kapitel 2

Aras wie dieser Hyazinthara haben riesige Schnäbel, mit denen sie Paranüsse ganz leicht aufbrechen können.

verzichtet. Viele Knochen sind untereinander verwachsen, um zwar Gewicht zu sparen und dennoch Stabilität zum Fliegen zu behalten. So sind die meisten Rumpfknochen miteinander verbunden, die Wirbelsäule des Vogels ist dadurch steif wie ein Stab, der ähnlich wie der Rahmen eines Flugzeugrumpfs als Hauptstütze für die mächtigen Flügel dient. Nur der Hals und ein Schwanzgelenk sind an der Wirbelsäule des Papageis beweglich. Der Hals ist so flexibel, dass Papageien mit dem Schnabel fast alle Körperteile zur Gefiederpflege erreichen können. Die Wirbelsäule trägt Rippen, die das mächtige, schildförmige Brustbein, das Sternum, stabilisieren. Die ungewöhnliche Größe und Form dieses Knochens findet sich nur bei Vögeln. Zusammen mit dem weit vorspringenden und schützenden Kamm bietet das Brustbein eine große Ansatzfläche für die Flugmuskeln.

Umgang mit Nahrung

Vögel besitzen zurückgebildete Finger, von denen nur drei rudimentäre Glieder an den Flügelspitzen vorhanden sind. Obwohl die Beine von Papageien ziemlich kurz erscheinen, haben die Vögel eine überraschend große Schrittlänge. So können sie leicht in den Bäumen umherklettern. Der Schädel ist groß, auffällig daran sind die riesigen Augenhöhlen und die große Hirnschale. Papageien sind für ihre täglichen Aktivitäten stark auf ihre Sehfähigeit angewiesen. Der sichtbare Teil des Schnabels besteht aus Horn, auch Keratin genannt, wie bei uns Menschen Haare und Nägel. Es wächst ständig von innen heraus nach. Der Schnabel wird als zusätzliche „Greifhand" benutzt, wenn der Vogel in den Bäumen herumklettert. So können Papageien leicht auf Zweigspitzen hinausklettern, um an Früchte, Knospen und Samen zu kommen, ohne wie andere Vögel in der Luft schweben zu müssen. Für sicheren Halt auf Zweigen besitzen alle Papageien denselben Fußtyp, von den Wellensittichen bis hin zu den Aras. Ihr Fuß weist vier Zehen auf, zwei sind nach hinten und zwei nach vorn gerichtet. Diese Aufteilung findet sich auch bei anderen Klettervögeln wie beispielsweise den Spechten. Die meisten Papageien benutzen ihre Füße wie wir Menschen unsere Hände. Sie können Futter oder andere kleine Gegenstände mit ihren Füßen halten oder bearbeiten, sie damit zum Schnabel führen, um sie zu zerlegen.

Dieser Timneh-Graupapagei hält eine Erdnuss so in seinem rechten Fuß, dass er die einzelnen Nüsse geschickt nacheinander herausholen kann.

Die Muskulatur – das Flugtriebwerk

Alle großen Muskeln eines Vogels sind am Skelett befestigt. Die Flugmuskeln liefern die wichtigste Antriebskraft für den Papageien. Während die Flügel selbst nur kleine Muskeln aufweisen, die zur Flugkorrektur verwendet werden, sind die Brustmuskeln für den Antrieb des Vogels in der Luft verantwortlich. Sie sind am Brustbein befestigt und durch Sehnen mit den Flügeln verbunden. Allein diese Flugmuskeln können rund 30 Prozent des Gewichts eines Papageis ausmachen. Mit den Muskeln am Ende der Wirbelsäule kann der Schwanz in alle Richtungen bewegt werden. Damit werden Steuerung und das Abbremsen des Vogels bei der Landung bewirkt.

Muskeln für ein aktives Leben

Die Muskeln für das Gehen befinden sich weit oben am Bein, oberhalb des Knies, damit sie sich, wenn der Vogel läuft, im Schwerpunkt der Körpers befinden. Der watschelnde Gang von Vögeln geht auf ihre starre Wirbelsäule zurück. Wenn sie laufen, müssen sie bei jedem Schritt ihr gesamtes Gewicht auf das betreffende Bein verlagern, um das Gleichgewicht zu halten.

Oben: *Papageien können die meisten Federn willkürlich aufstellen oder anlegen. Kakadus haben diese Fähigkeit mit großen aufrichtbaren Federhauben entwickelt.*

Links: *Dank der kräftigen Muskeln des Schnabelgelenks können Papageien harte Nüsse aufbrechen.*

Ein anderer großer Muskel ist der innerhalb des Brustkorbs links liegende Herzmuskel. Ein Vogelherz schlägt viel schneller als ein Menschenherz. Selbst im Ruhezustand hat ein kleiner Papagei einen Herzschlag von rund 140 Schlägen pro Minute – doppelt so viel wie bei uns. Beim Fliegen schlägt das Herz eines Papageis rund 1000 Mal pro Minute.

Die starre Wirbelsäule eines Vogels bewirkt seinen watschelnden Gang, bei dem er mit jedem Schritt hin- und herschaukelt.

Vögel müssen aus verschiedenen Gründen imstande sein, ihr Gefieder aufzuplustern und anzulegen, unter anderem zur Wärmeregulierung und als Imponiergehabe gegenüber anderen Vögeln. Dazu besitzt die Haut am Ansatz der meisten Federn unzählige winzige Muskeln. Manche Papageien wie die Kakadus haben große, aufrichtbare Federhauben, die von an der Stirn hinter den Nasenlöchern befestigten Muskeln bewegt werden.

Mit der ungeheuren Stoßkraft ihrer Schnäbel können Papageien harte Samen und Nüsse aufbrechen sowie Bäume und weichen Stein für ihre Nistlöcher aushöhlen. Obwohl der Schnabel in Kämpfen zwischen Artgenossen selten eingesetzt wird, kann er zur tödlichen Waffe werden, wenn sich ein Vogel bedroht fühlt.

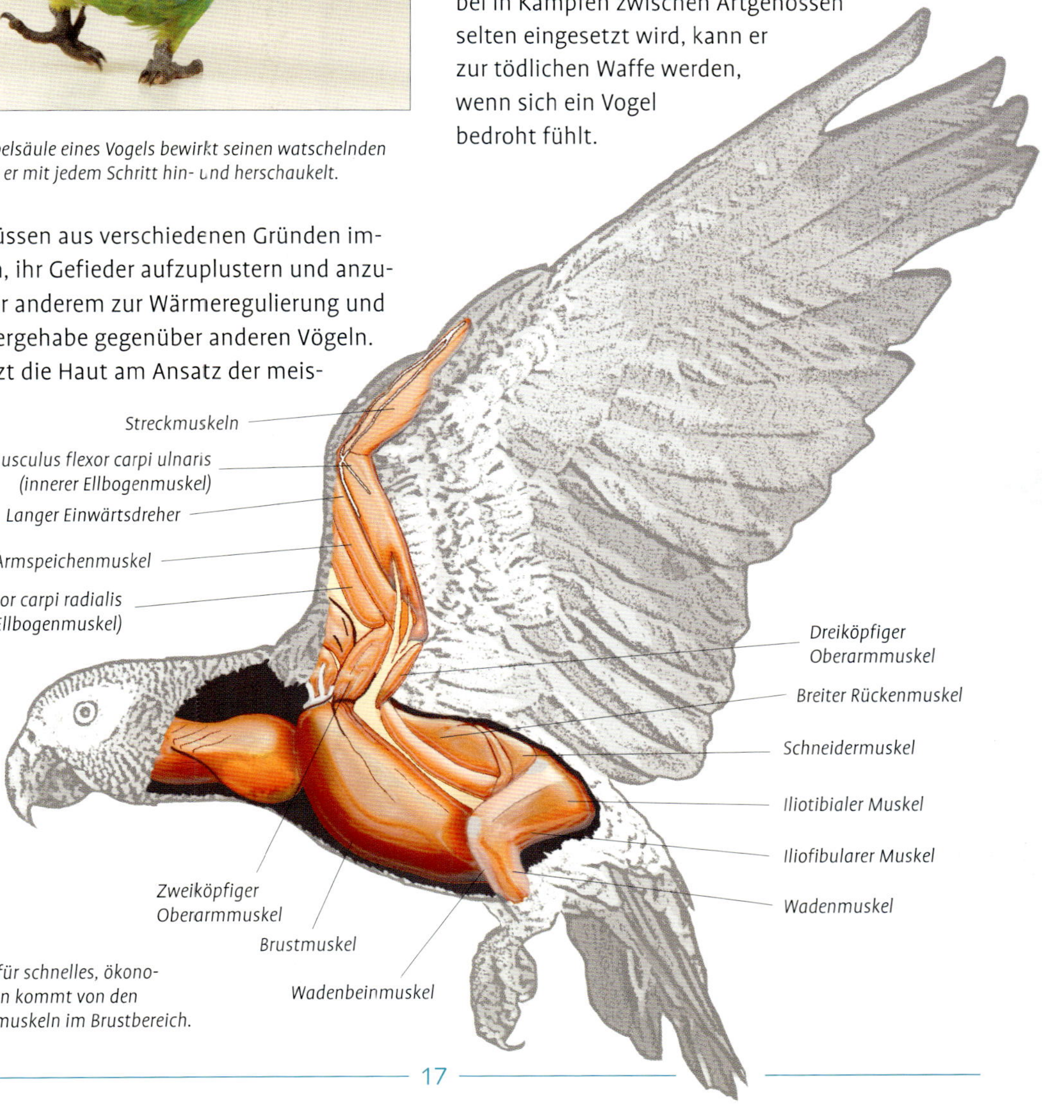

Flugmuskeln
Die Triebkraft für schnelles, ökonomisches Fliegen kommt von den riesigen Brustmuskeln im Brustbereich.

Gefieder – als Wärmeschutz und zum Fliegen

Viele Tiere haben ein Fell oder Schuppen, nur Vögel tragen Federn, die sie zum Fliegen befähigen. Federn fungieren auch als hochwirksame Wärmedämmung zum Erhalt ihrer sehr hohen Körpertemperatur. Federn verleihen den Vögeln auch den typischen windschlüpfigen, kugelförmigen Körper, der den Luftwiderstand während des Flugs stark vermindert. Unter Wissenschaftlern wird nach wie vor debattiert, ob Vögel ihr Gefieder entwickelt haben, als sie zu Warmblütern wurden oder während sie noch einen Großteil ihrer Reptilienschuppen besaßen und Kaltblüter waren. Doch beides könnte auch zeitgleich abgelaufen sein.

Die Federfärbung entwickelt sich während des Federwachstums, kann sich aber mit der Zeit verändern.

Unterschiedliche Federtypen

Federn bestehen aus Horn, demselben Stoff, aus dem auch der Schnabel besteht. Papageien haben ein flauschiges „Unterkleid“ aus weichen Daunen, haarähnliche Fadenfedern und wimpernartige Borstenfedern mit Tastkörperchen rund um Augen und Nasenlöcher. Das Gefieder besteht hauptsächlich aus den Körperfedern und natürlich den langen Flugfedern an Flügeln und Schwanz. Die meisten Papageien haben 9 oder 10 Handschwingen. Dies sind die größten äußersten Flügelfedern der „Hand“. Sie besitzen ebenso 12 Armschwingen, die am Unterarm sitzen. Der Schwanz besteht meist aus 12 Federn.

Eine Papageiengruppe, die Sittiche aus Südamerika, deren Größen zwischen einem Wellensittich und einem kleinen Ara variieren, besitzen einen langen starren Schwanz, den sie beim Herumklettern auf Bäumen wie ein Specht als Stütze benutzen. Diese Vögel müssen nicht so sehr wie andere Papageien ihren Schnabel zum Klettern einsetzen.

Mit einer Lupe kann man die Struktur der Federn leicht erkennen. Diese sehr leichte und dennoch stabile Körperbedeckung ist weitaus komplexer als das Fell oder die Schuppen anderer Tiere. Jede Feder besitzt in der Mitte einen Kiel, von dem wie bei den

Links außen: *Der rechte Flügel eines Goldbugpapageis mit Handschwingen. Handschwinge Nummer 9 ist eine Blutfeder und noch im Wachstum.*

Manche Papageien wie dieser Arakanga zeigen einen federlosen weiße Gesichtsspiegel, der sich rot färbt – der Vogel errötet vor Aufregung.

Die wichtigsten äußeren Merkmale und Federn eines typischen Papageis.

Oben: *Die schwachen, abwechselnd dunkel und hell gefärbten parallelen Streifen einer jeden Feder zeigen, wie viel sie täglich gewachsen ist. Jede Feder wächst alle 24 Stunden um 3 bis 5 mm.*

Adern eines Blattes Federäste ausgehen. Jeder dieser Äste ist mit dem benachbarten klettbandartig durch Haken und Bögen verbunden. Obwohl die Federfahne relativ leicht geteilt werden kann, lässt sie sich auch sehr schnell wieder zusammenfügen, wenn der Vogel badet, sich schüttelt und putzt.

Gefiederpflege

Papageien verbringen einen Großteil ihrer Zeit mit dem Putzen ihres Gefieders. Wildlebende Papageien werden fast täglich vom Regen durchnässt, was für die Pflege und den Zustand des Gefieders lebenswichtig ist. In Gefangenschaft gehaltene Papageien müssen häufig mit einem feinen Wassernebel eingesprüht werden, um die tägliche Dusche in freier Natur zu ersetzen.

Die Hauptflugfedern sind äußerst stark und in ihrer Anordnung an den Flügeln bemerkenswert starr. Da die Federn eine begrenzte Lebensdauer haben, müssen sie regelmäßig erneuert werden. Papageien mausern ihr Gefieder normalerweise einmal im Jahr. Ein Graupapagei oder eine Amazone braucht sieben bis neuen Monate, bis alle Federn vollständig erneuert sind, kleinere wie Unzertrennliche und Nymphensittiche nur zwei oder drei Monate. Bei größeren Papageien wie Aras und Kakadus dauert die Mauser über ein Jahr. So verbringen die meisten Papageien mehr Zeit mit der Mauser als ohne.

Nahrung suchen und Fressen

Wildpapageien sind äußerst mobile Tiere und so sind sie in der Lage, in einem riesigen Gebiet ihres Lebensraums auf Nahrungssuche umherzustreifen. Verschiedene Nahrungssorten von unterschiedlichen Baumarten und anderen Pflanzen können innerhalb des Lebensraums der Papageien kilometerweit voneinander entfernt zu finden sein. Die Papageien nutzen jedoch ihre hohe Fluggeschwindigkeit bei ihrer ausgiebigen Nahrungssuche. Die meisten Papageien wie der Graupapagei, die Amazone und der Ara sind Baumbewohner und fressen in den Wipfeln, manche Kakadus, andere Aras und

Ein Timneh-Graupapagei benutzt seine Zunge zum Prüfen der Beschaffenheit einer Traube, bevor er entscheidet, ob sie zum Fressen süß genug ist. Die meisten Früchte werden gefressen, indem ihr Saft aufgeleckt wird.

Papageien sind die einzigen Vögel, die ihre Füße wie wir Menschen unsere Hände benutzen. Die meisten Arten können Nahrung so halten wie dieser Halsbandsittich, um sie zu inspizieren und vor dem Schlucken zu zerkleinern. Die Koordination zwischen Auge, Fuß und Schnabel ist keine angeborene, sondern eine erworbene Fähigkeit. Der Vogel benötigt einige Zeit, bis er geschickt genug ist, sein Futter auf diese Weise zu handhaben.

viele kleinere wie Nymphen- und Wellensittiche fressen auch am Boden oder nehmen Nahrung von niedrigwachsenden Gräsern und anderen Pflanzen auf.

Mit ihrer besonderen Schnabelform können Papageien auf vielerlei Nahrung zugreifen und sie verwerten. Einzigartig bei den Papageien ist, wie sie ihre Füße zusammen mit dem Schnabel beim Fressen benutzen. Der Fuß dient wie die Hand beim Menschen dazu, kleine Nahrungsstücke zu halten und damit umzugehen. Meist bevorzugen Papageien einen bestimmten Fuß, so wie ein Mensch eine bestimmte Hand, wobei die meisten Papageien beim Fressen „Linkshänder“ sind. Je nach Art der Nahrung haben Papageien unterschiedliche Fresstechniken. Weiche Früchte zerdrücken sie meist an Ort und Stelle und lecken den entstehende Saft mit schnellen Zungenbewegungen auf. Früchte wie Trauben werden häufig geschält. Papageien können mühelos viele Samen aufbrechen, die für andere Tiere nicht zu verwerten wären. Dabei wird die Nuss mit dem Fuß gehalten und die schwächste Stelle gesucht. Wie wir Menschen unsere Finger benutzen Papageien ihre Zunge und stoßen mit der Spitze des Oberschnabels oder dem meißelförmigen Unterschnabel genau an dieser Stelle in die Nuss hinein.

Erst kauen, dann schlucken

Die Fähigkeit des Umgangs mit Nahrung ist nicht angeboren und junge Papageien verbringen viel Zeit damit, zu lernen, wie man mit „unzugänglicher" Nahrung umgeht. Viele andere Vögel, wie Enten und Hühner, die Samen fressen, können vor dem Schlucken ihr Futter nicht kauen. Sie besitzen Steinchen in ihrem Muskelmagen, die das Zerkleinern für sie übernehmen. Durch Einsatz ihres kräftigen Schnabels zerkleinern Papageien ihre Nahrung, bevor sie sie schlucken und brauchen meist keine Kalksteinchen als „Ersatzzähne". Dieses Vorkauen der Nahrung fördert eine schnelle Verdauung. Zunächst wird die geschluckte Nahrung im Kropf gespeichert, einem sackähnlichen Gebilde des Verdauungstrakts. Von dort gelangt die Nahrung in den Vormagen, auch Drüsenmagen genannt, wo die eigentliche Verdauung in Gang gesetzt wird. Danach wird sie in den Muskelmagen weitergeleitet, wo sie unter großem Druck durch das Gegeneinanderreiben der Magenwände zerrieben wird. Während ihrer Passage durch den Darm werden der Nahrung weitere Nährstoffe entzogen und unverdauliche Stoffe und Abfallprodukte über die Kloake ausgeschieden.

Beim Füttern ihrer Jungen im Nest würgen Papageien die halbverdaute Nahrung aus dem Kropf wieder hoch. Mit fortschreitender Entwicklung der Jungvögel ist diese hervor gewürgte Nahrung immer weniger vorverdaut und von gröberer Konsistenz.

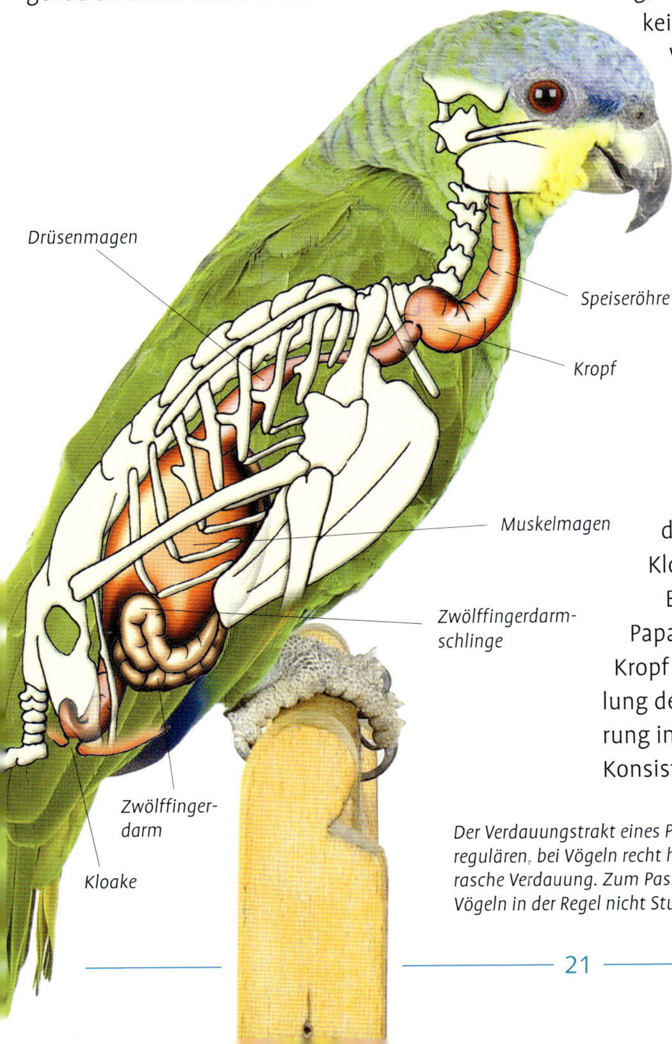

Der Verdauungstrakt eines Papageis ist recht kurz. Diese Kürze in Verbindung mit der regulären, bei Vögeln recht hohen Körpertemperatur (rund 41 °C) gewährleistet eine rasche Verdauung. Zum Passieren des Verdauungstrakts braucht die Nahrung bei Vögeln in der Regel nicht Stunden, sondern nur wenige Minuten.

Mit einem Papagei zusammenleben

Was sollten Sie erwarten? Viel Lärm und Schnabelbisse! Papageien sind in der Regel keine ruhigen Vögel. Erwachsene Vögel machen oft viel mehr Lärm als nicht ausgewachsene Vögel unter zwei Jahren. Bei Ankunft in seinem neuen Zuhause verhält sich der Vogel häufig für ein paar Tage oder auch einige Wochen lang ruhig, bis er sich eingelebt hat. Doch es dauert jedoch meist nicht sehr lange, bis der Vogel sich umgewöhnt hat und zu

der für seine Art normalen Lautgebung übergeht. Papageienrufe sollen bis zu weiter entfernten Artgenossen tragen, doch lautstarke Rufe sind meist von kurzer Dauer und ertönen frühmorgens und dann wieder abends. Ein solches Rufkonzert dauert meist nur eine halbe Stunde.

Auf Lärm einstellen!

Obwohl alle Papageien einen gewissen Lärm machen, sind manche Arten besonders lautstark. Kakadus und Aras können die lautesten Töne aller Vögel hervorbringen. Wenn sie ihre Kontakt- oder Alarmrufe ausstoßen, hört man diese Vögel manchmal kilometerweit, Im Gegensatz dazu sind die afrikanische Papageien, Grau- und Timneh-Graupapagei, Rotsteiß-, Mohrenkopf- und Goldbugpapagei in der Regel etwas leiser. Trotzdem sollte man sich immer darüber im Klaren sein, dass ein Vogel beträchtlichen Krach machen kann. Selbst wenn man Lärm gut verträgt, gilt dies nicht immer für die Nachbarn, was man vor der Anschaffung eines Vogels bedenken sollte. Nachbarschaftsstreitereien wegen Lärmbelästigung sind an der Tagesordnung und manche Papageien können genauso laut sein wie manch enthusiastischer

Links und unten: *Manche Papageien wie Kakadus und dieser Ara (links) können sehr laut sein. Der Umgang mit Papageien erfordert Selbstsicherheit und Furchtlosigkeit vor gelegentlichen Bissen.*

Heimwerker. Viele Papageien suchen allein deshalb ein neues Zuhause, weil ihre Besitzer oder die Nachbarn mit dem Lärm nicht zurechtkommen.

Wenn Sie Angst vor dem Schnabel eines Papageien haben, sollten Sie diese überwinden, bevor Sie sich einen anschaffen. Wenn der Vogel weiß,

Oben: *Ein männlicher Edelpapagei. Anders als viele Papageien fressen diese Vögel meist Früchte und wenig Saaten.*
Unten: *Dieser Afrikanische Graupapagei hat die Oberkante der Tür angenagt. Wenige Nageattacken, beispielsweise wenn der Tierhalter kurz abgelenkt ist, genügen schon dazu.*

dass Sie sich vor seinem Schnabel fürchten, wird er Sie wahrscheinlich beißen, auch öfter, um Ihre Reaktion zu testen. Tritt dieser Fall ein, wird Ihr fehlendes Selbstvertrauen den Vogel erneut zum Beißen animieren und so sein Verhalten verstärken. Solange Sie diese Situation nicht durch ruhiges und selbstsicheres Training (siehe Kapitel Training, S. 60–83) korrigieren, wird keine vertrauensvolle Beziehung zwischen Ihnen und dem Vogel entstehen.

Nagetrieb

Als äußerst wissbegierige Vögel setzen Papageien ihren Schnabel häufig ein. Dies bedeutet, dass Papageien in Menschenobhut ziemlich zerstörerisch werden können und alle Holzgegenstände, Ihre besten Möbel, Türrahmen und Ziergegenstände zerlegen. Obwohl dieses Verhalten in gewissem Maße auf besser geeignete Gegenstände umgelenkt werden kann, zum Beispiel auf die eigenen Spielzeuge des Vogels, werden die meisten Papageien in Ihrem Zuhause einigen Schaden anrichten. Die größeren Amazonen, Aras und Kakadus besitzen großes Geschick bei der Zerstörung von Holz. Papageien zeigen sich als sehr unordentliche Vögel. Sie untersuchen einfach alles und lassen während des Spiels mit Ihren wertvollen Ziergegenständen, Sachen fallen. Legen Sie also Wert auf einen sehr ordentlichen Haushalt, dürfte ein Papagei kaum das richtige Haustier sein.

Langes Leben

Eine weitere Eigenschaft des Papageis gilt es zu beachten: Die meisten Arten haben eine ebenso hohe Lebenserwartung wie der Mensch. Anders als andere Haustiere können besonders die mittelgroßen bis großen Papageienarten ihre Halter überleben. Graupapageien, Amazonen, Aras und Kakadus werden rund 50 bis 60 Jahre alt. Selbst die kleineren wie die Goldbug- und Mohrenkopfpapageien können über 25 Jahre alt werden. Viele Papageien werden an die nächste Betreuergeneration übergeben. Verantwortliche Halter, die ihre Jugend bereits hinter sich haben, sollten Vorkehrungen treffen, dass sich jemand nach ihrem Ableben um den Vogel kümmert.

Von aktiven Vögeln wie Papageien darf man nicht erwarten, dass sie einfach in ihrem Käfig bleiben oder im Freien auf ihrem Ständer sitzen. Sie sollten ermuntert werden, aktiv zu sein, damit sie sich in ihrer Umgebung wohlfühlen. Viele Haustiere, besonders Säugetiere wie Meerschweinchen, Katzen und Hunde, werden ausgiebig gestreichelt. Dies sollte man bei Papageien nicht tun, denn dies könnte für sie zur Reizüberflutung führen und dazu, dass sie sich nur an eine Person binden. Daraus entstehen dann möglicherweise Aggressionen gegenüber den anderen Familienmitgliedern.

Mittelgroße und große Arten wie dieser Ararauna überleben häufig ihre Besitzer.

Papageien wie dieser Goldbugpapagei brauchen anregendes Spielzeug, mit dem sie Gehirn und Schnabel beschäftigen können.

Kein „pflegeleichtes“ Haustier

Für eine gute Beziehung zwischen Ihnen und dem Vogel ist es wichtig, dass er einige Grundbefehle oder Kommandos befolgt, wie später noch ausgeführt wird. Als hochintelligente Vögel lernen sie sehr schnell Neues, benehmen sich schnell aber auch wie unfolgsame Kinder, machen Unfug und bekommen hinterher Ärger. Realistisch betrachtet sind Papageien keine „einfachen“ Heimtiere. Ihre Betreuung erfordert von Ihnen und Ihrer Familie täglich viel Zeit. Zudem muss der Vogel viele Stunden jeden Tag außerhalb des Käfigs mit Ihnen verbringen. Erhalten Papageien nicht die nötige Aufmerksamkeit, treten schnell Verhaltensprobleme wie Nervosität, Aggressionen oder Federrupfen auf, die schwer zu beheben sind.

Daher testen Papageien von Zeit zu Zeit die Grenzen ihrer Halter: mit dem entsprechenden Lärmpegel, gelegentlichen Bissen, Beschädigung von Gegenständen und Möbeln und viel Durcheinander. Wollen Sie sich diesen Anforderungen nicht stellen, gibt es weniger anspruchsvolle und zerstörerische Haustiere, die besser zu Ihnen und Ihrer Familie passen. Außerdem müssen Sie sich bei Erkrankung des Vogels auf hohe Tierarztrechnungen einstellen. Im Idealfall schließen Sie für den Vogel eine Krankenversicherung ab.

Trotz der genannten Vorbehalte können Papageien durch ihr extrovertiertes, wissbegieriges Naturell und ihrem Wunsch, an allem, was Sie tun, teilzuhaben, in den richtigen Händen äußerst lohnenswerte Haustiere sein. Viele Papageienhalter bestätigen, dass die Beziehung zwischen einem Papagei und seinem Halter sehr tief sein und ein Leben lang andauern kann. Papageienhaltung ist eigentlich nie langweilig! Sie sind keine passiven Haustiere und sollten nicht nur ihres Aussehens

Die mit Hornschuppen überwachsenen Krallen dieser Amazone sind eine weitere Alterserscheinung. Die Krallen eines alten Vogels nutzen sich weniger ab und müssen gelegentlich gefeilt oder gekürzt werden.

oder des Status wegen gekauft werden. Papageien sind hochintelligent, aber empfindlich, sie können ein echtes Familienmitglied werden, das Sie über viele Jahrzehnte begleitet.

Wenn Sie sich sicher sind, dass Sie die für diese anspruchsvollen Tiere nötige Geduld und Zeit aufbringen, werden Sie durch die Papageien belohnt. Doch vergessen Sie nie, dass Sie mit der Anschaffung eines solchen Vogels eine echte Verpflichtung eingehen.

Bei älteren Vögeln wie dieser Venezuela-Amazone ist das Gefieder weniger dicht. Das Alter macht sich durch langsamere Bewegungen bemerkbar.

Das schuppige Äußere des Schnabels ist nicht ungewöhnlich.

Verschiedene Papageienarten

Obwohl es über 330 Papageienarten gibt, werden nur ein paar Dutzend als Heimvögel gehalten. Dieses Kapitel befasst sich mit den wichtigsten Arten. Obwohl sich Papageien in vielen Merkmalen sehr ähneln, gibt es wichtige Unterschiede zwischen den einzelnen Arten. Diese spielen eine ausschlaggebende Rolle bei der Entscheidung, welche Papageienart sich für Sie eignet. Die wichtigsten, gewöhnlich als Heimvögel gehaltenen sind Amazonen, Kakadus, Graupapageien, Aras, Sittiche, Kleinpapageien, Unzertrennliche, Nymphen- und Wellensittiche.

Oben: *Gelbnackenamazonen. Große Amazonen erfordern einen sorgfältigen Umgang, da sie schnell überreizt werden.*
Links: *Rotstirnamazone – ein ziemlich beliebter Heimvogel.*

Amazonen und verwandte Arten

Amazonen sind mittelgroße bis relativ große Vögel. Ihr Gefieder ist meist grün mit roten, gelben oder blauen Farbmarkierungen an Flügeln, Schwanz und Kopf. Amazonen sind sehr aufgeschlossene, extrovertierte Vögel, sobald sie sich in ihrem neuen Zuhause eingelebt haben. Sie können sich wie unfolgsame Kinder benehmen und brauchen ruhige und selbstsichere Menschen um sich. Sie haben kräftige Schnäbel und eine laute Stimme, obwohl manche Exemplare viel leiser sind. Normal für erwachsene Amazonen sind regelmäßige Kreischkonzerte am Morgen und Abend von rund 20 Minuten Dauer, bei denen sie sehr laut werden können. Die meisten als Heimvögel gehaltenen Amazonen lernen sprechen und reden

chen erwachsenen männlichen Amazonen über drei Jahre, besonders der großen Arten, ist Vorsicht geboten, denn sie können aggressiv sein. Diese Aggressivität ist gewöhnlich jahreszeitabhängig, tritt meist im Frühjahr auf und lässt ein bis zwei Monate später nach.

Die mit den Amazonen verwandte Gruppe der Rotsteißpapageien umfasst Arten wie die Schwarzohr- und Maximilianspapageien. Diese sind kleiner, haben viel leisere Stimmen, sind weniger reizbar als die anderen Amazonen und können sehr angenehme Heimvögel sein. Sie ahmen die menschliche Sprache in der Regel nicht nach. Fächerpapageien sind bekanntermaßen besonders aggressiv und als Heimvögel nicht geeignet.

Oben: *Glanzflügelpapagei. Rotsteißpapageien sind nicht so laut wie andere Papageienarten.*
Rechts: *Die Venezuela-Amazone ist die wohl am häufigsten als Heimvogel gehaltene Amazone.*
Ganz rechts: *Blaustirnamazone.*

im Gegensatz zu Graupapageien auch in Anwesenheit von Fremden.

Blaustirnamazonen sind typische Vertreter der großen Amazonen und durch ihr lebhaftes Naturell als Heimvögel sehr beliebt. Die ähnlich gefärbte, aber kleinere Venezuela-Amazone ist ebenfalls populär, aber nicht so extrovertiert wie die Blaustirnamazone. Bei man-

Kakadus, Graupapageien und Timneh-Graupapageien

Kakadus

Die meisten Kakadus sind so groß wie Amazonen oder größer und äußerst sensible und nervöse, aber hochintelligente Vögel. Ihr Gefieder ist meist weiß, mit kleineren gelb- oder rosafarbenen Partien an Flügeln und Schwanz. Im Gegensatz zu den anderen Papageien besitzen Kakadus bewegliche Federhauben, die sie willkürlich aufstellen oder anlegen können. Arten wie der Molukken- und Gelbhaubenkakadu werden als Heimvögel gehalten, während andere wie der Goffin- und Nacktaugenkakadu weniger häufig in Menschenobhut zu sehen sind.

Kakadus haben sehr laute Stimmen und ergehen sich morgens und abends in regelmäßigen Kreischkonzerten. Viele Menschen kaufen diese Vögel, weil sie als Jungvögel niedlich und knuddelig aussehen. Wie bei jedem Lebewesen ändert sich auch beim Kakadu das Verhalten mit dem Erwachsenwerden. Diese Vögel finden die Gefangenschaft sehr frustrierend und neigen im Alter von zwei bis vier Jahren als junge Erwachsene zu schweren Verhaltensauffälligkeiten. Manche werden sehr nervös, andere aggressiv und sehr laut. Erwachsene der großen Arten können schwere und sehr schmerzhafte Verletzungen zufügen, wenn der Vogel nicht trainiert ist, Ihre üblichen Kommandos zu befolgen.

Bei Kakadus ist die Paarbindung außergewöhnlich stark, vielleicht stärker als bei jedem anderen papageienartigen Vogel. So werden bei Einzelhaltung erwachsene Kakadus regelmäßig zu Ein-Personen-Vögeln und fordern ständig nur von einer bestimmten Person Aufmerksamkeit. Es ist traurig, dass manche Menschen, die einen ansprechenden jungen Vogel gekauft haben, diesen einige Monate oder Jahre später wieder abgeben, weil sie nicht in der Lage sind, mit einem derart fordernden Vogel umzugehen. So landen viele Kakadus in Auffangstationen. Viele Kakadus, vor allem handaufgezogene Vögel, neigen auch zum Federrupfen, wenn sie von der Jugendphase ins Erwachsenenalter kommen. Obwohl sie als Jungvögel äußerst ansprechend aussehen, ist ihre artgerechte Haltung für die meisten Menschen zu schwierig und sie sind als Heimvögel nicht zu empfehlen. Der kleinere Rosakakadu bildet hier die Ausnahme. Dieser Vogel ist wesentlich gelassener und die meisten von ihnen gewöhnen sich gut an ein Leben als Heimvogel.

Oben links: *Weißhaubenkakadu – ein anspruchsvoller Heimvogel.*
Oben rechts: *Inkakakadu – in Gefangenschaft selten anzutreffen.*
Oben Mitte: *Der Rosakakadu – ein kleiner, aber extrovertierter Kakadu*

Graupapageien und Timneh-Graupapageien

Dies sind die am häufigsten gehaltenen, mittelgroßen bis großen Heimpapageien. Es gibt zwei Arten: den Graupapagei, auch Kongo-Grapapagei genannt, und den Timneh-Graupapagei. Man ging lange davon aus, dass es sich bei den beiden um eine Art mit geringfügigen innerartlichen Unterschieden handelte. Doch immer mehr Indizien sprechen für zwei verschiedene Arten. Der Timneh hat nur zwei Drittel der Größe des Graupapageien. Sein Gefieder ist dunkelgrau, nahezu schwarz. Der Oberschnabel der Timnehs ist rosa-hornfarben, ihr Schwanz schmutzig weinrot oder kastanienfarben, nicht hellrot wie bei den Graupapageien.

Graupapageien sind sehr argwöhnisch bei jeder neuen Situation und im Allgemeinen eher nervös und sehr sensibl. Timnehs dagegen scheinen selbstsicherer zu sein. Sie sind bekannt für ihre Fähigkeit, viele verschiedenen Geräusche und Töne, auch menschliche Sprache zu imitieren. Ihre Stimme gilt als die beste unter den Vögeln. Graupapageien sprechen aber selten in Gegenwart von Fremden. Während die meisten als Heimvögel gehaltenen Graupapageien sprechen lernen, gibt es Vögel, die es nie tun. Handaufgezogene Graupapageien neigen stark zum Federrupfen, während von den Eltern aufgezogene Vögel, die anfangs weniger zahm sind, weniger Verhaltensauffälligkeiten entwickeln.

Graupapageien sind äußerst intelligente Vögel. In den USA wurden viele wissenschaftliche Arbeiten über ihre Auffassungsgabe und ihre Fähigkeit, die menschliche Sprache in ihrem korrekten Zusammenhang anzuwenden, also nicht nur zu imitieren, durchgeführt. Ihre Fähigkeit, eine Reihe von Gegenständen zu benennen und zu beschreiben, grenzt an die Fähigkeit, die ein Kleinkind hat.

Oben rechts: *Afrikanischer Graupapagei – der beliebteste Heimpapagei.*
Oben links: *Der Timneh-Graupapagei ist ein kleinerer Verwandter des Afrikanischen Graupapageis und hat ein dunkleres Gefieder.*

In den Händen eines sachkundigen Halters können diese Papageien gut als Heimvögel leben. Obwohl sie gelegentlich laut sind, werden sie kaum zur Lärmbelästigung. Um sich in Gesellschaft von Menschen wohlzufühlen, brauchen Graupapageien ein ruhiges Zuhause, mit leisen, verhaltenssicheren Personen. In einem Haushalt mit kleinen Kindern oder Hunden könnten sie sich schwerer tun.

Aras und Sittiche

Der Grünflügelara ist der Größte der Gemeinen Aras. Seine Bedürfnisse können in einem normalen Haushalt nicht erfüllt werden.

Aras

Obwohl die Aras zu den größten Papageien zählen, gibt es auch einige Zwergarten. Kleinere wie Hahns Zwergaras und die Goldnackenaras können gute Heimvögel abgeben, obwohl sie gelegentlich laut werden. In ihrem Wesen ähneln sie den Amazonen. Es sind aktive, aufgeschlossene, neugierige Vögel, die häufig zu Streichen aufgelegt sind. Manche lernen tatsächlich sprechen und können dann recht geschwätzig sein.

Aufgrund ihrer Größe haben zum Beispiel Gelbbrust-, der Hellrote und Grünflügelaras besondere Bedürfnisse, die von den meisten Hobby-Vogelhaltern kaum erfüllt werden können. Diese Papageien besitzen eine Flügelspannweite von rund eineinhalb Metern, können sehr laut sein und mit ihren kräftigen Schnäbeln Möbel, Türen, Putz und Holzgegenstände innerhalb von Minuten zerstören.

Gelbbrustara. Allein wegen ihrer Körpergröße und lautstarken Rufe können die meisten Menschen diesen Vogel nicht halten.

Aras kommen in Käfigen nicht gut zurecht, selbst in ganz speziellen. Zu langer Käfigaufenthalt kann bei ihnen zu Verhaltensproblemen führen. Werden sie als Heimvögel gehalten, brauchen sie eine große Innenvoliere. Diese sollte so geräumig sein, dass die Vögel darin fliegen können. Außerdem sollten sie Zugang zu einer Außenvoliere haben, damit sie auch an die frische Luft und fit bleiben können.

Der Arakanga ist inzwischen ein in freier Natur selten anzutreffender Vogel.

Manche Menschen sind allein durch die Körpergröße der Aras und ihrem riesigen Schnabel eingeschüchtert. Das Drohverhalten eines Aras kann auch sehr erschreckend sein. Trotz des großen Schnabels, der mit Leichtigkeit Paranüsse knackt, sind Aras meist sanfte und doch verspielte Vögel. Die großen Arten eignen sich aber für Familien mit kleinen Kindern nicht sehr, außerdem können sie Hunden und Katzen gegenüber aggressiv werden. Die Haltung dieser Vögel erfordert Räumlichkeiten, über die die meisten Menschen nicht verfügen. Daher will die Anschaffung eines solchen Vogels überlegt sein.

Goldscheitelsittich. Ein sehr lebhafter Vogel, der auch laut sein kann.

Sonnensittiche sind beliebte Heimvögel, aber sehr laut und als Erwachsene oft aggressiv.

Südamerikanische Sittiche

Sittiche sind im Allgemeinen sehr aktive, relativ kleine Vögel, die anders als viele Papageien, großes Zutrauen zeigen. Beim Klettern benutzen sie im Gegensatz zu anderen Papageien ihre langen Schwänze als Stütze und weniger ihren Schnabel. Trotz ihrer kleinen Größe haben viele wie Sonnen-, Felsen- und Blaukopfsittiche als erwachsene Vögel laute, durchdringende Stimmen. Durch ihre aufgeschlossene und „emsige" Art sind sie sehr unterhaltsame Vögel, die an allem, was um sie herum geschieht, regen Anteil nehmen. Manche lernen sprechen, bei der Nachahmung menschlicher Laute klingt ihre Stimme allerdings piepsig. Kleinere Arten wie der Grünwangen-, Rotschwanz- und der Braunohrsittich sind besser als Heimvögel geeignet und nicht so laut wie andere Arten. Südamerikanische Sittiche schlafen nachts gerne in Höhlen. Daher sollte man ihnen einen Schlafkasten in geeigneter Größe im Käfig anbieten.

Manchmal werden Sittiche als „Kneifer" bezeichnet, da sie gerne beißen. Dies geschieht aus Erregung, die bei diesen Vögeln leicht eintritt, aber mit etwas Umsicht vermieden werden kann.

Andere kleinere Papageien

Asiatische und Australische Sittiche

Links: *Ein Halsbandsittich. In dieser Färbung kommt er normalerweise in der Wildnis vor.*
Rechts: *Plattschweifsittiche werden meist in Volieren gehalten.*

Der Begriff „Sittich" wird ganz allgemein für eine ganze Reihe kleinerer, papageienartiger Vögel mit langen Schwänzen verwendet. Die meisten Arten stammen aus Australien oder Asien. Sie sind sehr aktive Vögel von laubgrüner Farbe. Springsittiche sind als Heimvögel beliebt und ungefähr so groß wie ein Wellensittich. Sie sind Bodenfresser und verbringen viel Zeit damit, auf dem Grund ihres Käfigs oder ihrer Voliere herumzustöbern. Die Plattschweifsittiche, die doppelt so groß wie Wellensittiche sind, werden ebenfalls manchmal als Heimvögel im Haus gehalten, obwohl ihre Haltung in einer Voliere mit ihresgleichen zu bevorzugen ist. Dann gibt es noch die vielen Arten kleiner Grassittiche wie der Bourke- und der Schönsittich, die aktive und farbenfrohe Vögel sind. Anders als die meisten Papageien sind Letztere nicht laut.

Halsbandsittiche werden gewöhnlich als Volierenvögel gehalten, manchmal auch als Heimvögel im Haus. Diese Vögel werden in unterschiedlichen Farbvarianten gezüchtet.

Da Sittiche äußerst soziale Wesen sind, die in der Regel in großen Schwärmen leben, werden sie meist nicht als Einzelvogel im Käfig, sondern eher als Volierenvögel im Freien gehalten. Sie bauen gewöhnlich nicht wie die anderen Papageien eine Bindung auf und sind meist sehr selbstständige, unabhängige Vögel. Manche Exemplare reagieren trotzdem ziemlich gut auf ein Grundtraining und können gute Heimvögel werden. Sittiche ahmen sehr selten die menschliche Sprache nach. Obwohl die meisten Arten nicht lautstark sind, hat der Halsbandsittich eine sehr starke Stimme. Diese Art entflog vor vielen Jahren im Deutschland und viele Exemplare brüten seither in freier Natur.

Sperlingspapageien

Dies ist die kleinste aller Papageienarten. Es sind tatsächlich ganz winzige Vögel von ungefähr der Größe eines Sperlings. Diese hauptsächlich grün gefärbten Papageien werden als Heimvögel immer beliebter, da sie angeblich einfach im Käfig zu halten sind. Jedoch müssen auch diese Papageien viel Zeit außerhalb des Käfigs mit Fliegen verbringen können. Sie binden sich an Menschen, mehr noch als die Unzertrennlichen. Obwohl sie in der Regel keine lautstarken Vögel sind, erheben sie doch hin und wieder ihre Stimme.

Diese Blaubürzel-Sperlingspapageien zählen zu den kleinsten Papageien.

Langflügel- und Weißbauchpapageien

Diese kleinen bis mittelgroßen Papageien werden als Haustiere sehr unterschätzt. Die überwiegend grün gefärbten Vögel weisen oft gelbe und braune Flecken an Körper und Flügeln auf. Diese Vögel, darunter der Mohrenkopf-, Goldbug-, Kongo- sowie der Weißbauchpapagei können sehr gute Heimvögel werden. Sie sind wesentlich aktiver und aufgeschlossener als Graupapageien und zeigen auf jeden Fall ein zutraulicheres Verhalten. Sie werden als sehr willensstarke Vögel von lebhafter Entschlossenheit beschrieben. Während die meisten Papageien neue Situationen oder Gegenstände einschließlich neuer Spielzeuge misstrauisch beäugen, zeigen diese Papageien eine ganz andere Haltung. Sie sind ohne Ausnahme furchtlos – und müssen alles Neue untersuchen.

Sie verlangen sehr stark nach der Aufmerksamkeit und Zuneigung ihrer Halter und möchten häufig am Kopf gekrault werden. Obwohl ihre Stimme sehr laut sein kann, ist dies selten ein Problem. Manchmal lernen diese Vögel, ein paar Wörter zu sprechen. Sie können gut Geräusche imitieren und besitzen eine extrovertierte, komödiantische Art. Langflügel- und Weißbauchpapageien kommen viel besser damit zurecht, als Heimvögel mit dem Menschen zu leben, als alle anderen Papageienarten.

***Oben:** Goldbugpapageien besitzen die Entschlossenheit eines Weißbauchpapageis. Es sind häufig furchtlose und ausgesprochen selbstbewusste Vögel.*

***Links:** Ein Grünzügelpapagei. Dies ist ein kleinerer, sehr aktiver, aufgeschlossener Papagei mit einem entschlossenen Wesen.*

Edelpapageien, Unzertrennliche, Nymphen- und Wellensittiche

Edelpapageien

Dies sind mittel- bis relativ große Papageien, die sich von anderen Papageienartigen unterscheiden. Männchen und Weibchen weisen einen so stark ausgeprägten Geschlechtsdimorphismus auf, dass Männchen und Weibchen einer Art früher als Vertreter verschiedener Arten gehalten wurden. Die Männchen haben ein intensiv grünes Gefieder sowie rote und blaue Flecken an Flanken und Flügeln. Das Gefieder der Weibchen leuchtet in einem intensiven Rot, mit violetten oder blauen Flecken an Flanken und Flügeln. Im Gegensatz zu anderen Papageien sind die Nasenlöcher dieses Vogels unter feinen Federn oberhalb des Oberschnabels versteckt. Die Körperfedern von Edelpapageien sind äußerst fein, nahezu haarähnlich. Ihr natürlicher Lebensraum ist der tropische Regenwald, wo sie sich von Früchten, Blumen, Knospen und Samen ernähren. Es sind wunderschöne Vögel, die oft nur wegen ihrer Gefiederfärbung gekauft werden. Leider passen sie sich nur schlecht an ein Leben als Heimvögel in der Wohnung an und können als

Oben: *Pfirsichköpfchen sind beliebte Volierenvögel und werden manchmal in der Wohnung gehalten.*
Unten rechts: *Weiblicher Edelpapagei.*
Unten links: *Männlicher Edelpapagei*

Erwachsene sehr laut und aggressiv werden. Außerdem neigen sie zum Federrupfen.

Unzertrennliche

Diese kleinen, kurzschwänzigen Papageien stammen aus Afrika. Es sind sehr aktive Vögel, die am besten paarweise in der Voliere und nicht als Einzelvögel gehalten werden. Auch wenn sie vereinzelt allein gehalten werden, binden sie sich nicht so an den Menschen wie andere Papageien. Sie haben eine schrille Stimme und sind in der Lage, Rufe auszustoßen, deren Lautstärke in keinerlei Verhältnis zu ihrer Körpergröße zu stehen scheint. Sie imitieren die menschliche Sprache nicht.

Nymphen- und Wellensittiche

Dies sind die bekanntesten der kleineren papageienartigen Heimvögel, die aus Australien stammen. Beide Arten sind inzwischen halbdomestiziert und alle zum Verkauf angebotenen Tiere werden gezüchtet. Die Eigenschaften des Wellensittichs sind allgemein bekannt. Er ist einfach zu halten, muss aber bei Einzelhaltung viel Zeit mit seinem Halter und ebenso viel Zeit außerhalb seines Käfigs mit Freiflug verbringen. Manche „Wellis" lernen mit ihrer leisen Piepsstimme sehr gut zu sprechen und können viele Wörter und Sätze erlernen. Wellis sind aktive, emsige Vögel und fast immer auf Achse. Ihre natürliche Gefiederfärbung ist ein leuchtendes Grün als Grundfarbe mit einer darüber liegenden feinen, schuppenartigen Schwarz-Weiß-Zeichnung. Es existiert jedoch eine riesige Bandbreite an Farbschlägen, die durch Selektionszucht über viele Generationen gezüchtet wurden.

Nymphensittiche sind größer und können ebenfalls gute Heimvögel sein. Auch sie gibt es in vielen Farbvarianten, obwohl ihre Naturfarbe grau ist, mit weiß an den Flügeln sowie gelborangefarbenen Flecken am Kopf. Nymphensittiche können sprechen lernen, wobei ihre Stimme bei Kontaktrufen laut und rau klingen kann. „Nymphis" sind sehr aktiv und immer beschäftigt. Wie anderen Papageien kann auch den Nymphen- und Wellensittichen das Folgen auf Kommando, wie später beschrieben, antrainiert werden.

***Links:** Die blaue Wachshaut an den Nasenlöchern zeigt, dass dies ein männlicher Welli ist.*
***Unten:** Nymphensittiche sind lebhafte und neugierige Haustiere.*

Anschaffung eines Papageis

Von Züchtern und Tierhandlungen werden häufig sehr zahme, „knuddelige" Papageien angeboten. Diese sehr jungen Vögel werden auch in Vogelfachzeitschriften zum Verkauf angepriesen. Aber wie alle anderen Jungtiere wachsen die jungen Papageien einmal heran. Dieser Wachstumsprozess dauert je nach Art unterschiedlich lang, bei den kleinen im Allgemeinen kürzer als den großen. Daher ist ein Sittich oder Langflügelpapagei in 18 Monaten erwachsen, Amazonen, Graupapageien, Aras und Kakadus brauchen bis zu vier Jahre. Man sollte sich immer vor Augen halten, dass das Verhalten des erwachsenen Papageien grundverschieden ist von dem des Jungvogels.

Afrikanische Graupapageien im Alter von neun Wochen. Sie werden oft zum Verkauf angeboten, wenn sie erst 13 Wochen alt und viel zu jung zum Abgeben sind.

Altersabhängige Verhaltensweisen

Die meisten jugendlichen Lebewesen zeigen sehr unterwürfiges Verhalten, das bei anderen eine behutsame Behandlung auslöst. Dieses beschwichtigende Signal ist bei vielen Tieren zu beobachten, beispielsweise bei Hundewelpen oder Kätzchen,

Inkakakadu-Jungvogel. Eine wunderschöne Papageienart, jedoch als Heimvogel nicht leicht zu halten.

und eine angeborene Überlebensstrategie.
In der Tierhandlung oder beim Züchter mögen diese Vögel sehr attraktiv erscheinen und der Umgang mit ihnen fällt leicht. Wächst der Vogel jedoch heran, ändern sich seine Bedürfnisse. Damit einher geht eine Verhaltensänderung, mit der man rechnen muss. Ein erwachsener, geschlechtsreifer Papagei hat völlig andere Bedürfnisse als ein sechs Monate alter Vogel! Denken Sie immer daran, wenn Ihnen junge Papageien zum Kauf angeboten werden.

Die meisten für den Handel bestimmten Papageien werden von Hand aufgezogen. Im Gegensatz dazu gibt es auch Züchter, die Naturbrut bei ihren Elternvögeln zulassen und nur im Notfall Jungtiere mit der Hand aufziehen. Gewöhnlich wird Handaufzucht so betrieben, dass den Elternvögeln die Eier weggenommen und im Brutschrank ausgebrütet werden. Sobald die Jungen geschlüpft sind, werden sie von Hand gefüttert und aufgezogen. Dies kann zwischen vier und 16 Wochen dauern, wobei die größeren Arten eher länger brauchen.

Bei großen kommerziellen Zuchten werden die Nestlinge manchmal mit rüden Methoden zwangsgefüttert und haben keine Gelegenheit zu Kontakt mit anderen Vögeln. Da dies in der Prägungsphase passiert, in der die Weichen für das spätere Sozialverhalten gestellt werden, und solche Vögel weder ihre eigenen Eltern kennen, noch die Gesellschaft anderer Papageien, kann eine Fixierung auf den Menschen entstehen. Sobald die Vögel flügge und in einem Alter sind, wo sie natürlicherweise das Nest verlassen, möchten sie anstelle mit anderen Papageien nur noch mit Menschen zusammen sein.

Mönchssittiche, ungefähr von der Größe eines Nymphensittichs, können gute Heimvögel sein.

Die Auswirkungen der Handaufzucht

Solcherart künstlich aufgezogene Papageien, die einer normalen Eltern-Kind-Beziehung beraubt wurden, können ernsthafte Verhaltensstörungen entwickeln, die jedoch meist erst mit der Geschlechtsreife im Alter von zwei bis vier Jahren auftreten. Typisch dafür ist eine übertriebene Bindung an einen Menschen und Aggressionen gegenüber anderen aus „Eifersucht".

Wenn Sie einen jungen Papagei kaufen möchten, suchen Sie einen aus, der möglichst von seinen Eltern aufgezogen wurde, zumindest für einige Zeit seines Lebens. Bei Papageien, die überwiegend von ihren eigenen Eltern aufgezogen wurden, ist ein späteres Zwangsverhalten wie wiederholtes Kreischen eher unwahrscheinlich. Auch verhalten sie sich als Erwachsene eher wie „normale" Vögel mit einem gewissen Grad an Selbstvertrauen und Unabhängigkeit, was handaufgezogene Vögel häufig nicht zeigen.

Unten links und rechts: *Die Art der Aufzucht nach dem Schlüpfen kann das Verhalten der Vögel lebenslang beeinflussen. Obwohl handaufgezogene Vögel anfangs liebenswert sind, kann das Zusammenleben mit ihnen mit zunehmendem Alter schwierig werden.*

Der Kauf von Jungvögeln

Nach wie vor werden junge Papageien auf „Kleintiermärkten" zum Verkauf angeboten – eintägigen Veranstaltungen, an denen Haustiere preisgünstiger sind als in Tierhandlungen oder bei Züchtern. Die Bedingungen für die Vögel auf diesen Ausstellungen sind meist schlecht und es gibt keinerlei Quittung oder Garantien für den verkauften Vogel. Die Tiere können krank sein oder Ihnen wird ein Vogel aufgrund falscher Angaben verkauft. Daher lässt man besser die Finger davon. Seriöse Züchter und Tierhandlungen unterliegen Regelungen für den Handel mit Tieren und solche Vögel kosten mit Sicherheit mehr. Doch um einen wirklich gesunden Vogel zu erhalten, sind die Mehrkosten gerechtfertigt. Die meisten guten Tierhandlungen und Züchter achten darauf, dass Sie eine Quittung sowie eine Gesundheitsgarantie für den Vogel erhalten und ausführliche Angaben zur seiner Haltung. Wird Ihnen all dies nicht angeboten, fragen Sie danach. Verantwortungsvolle Tierhandlungen und Züchter sollten Sie auch über die Vogelhaltung beraten und damit ihre Sachkunde unter Beweis stellen können.

Kaufen Sie keinen Vogel aus einer solchen Haltung wie diese Wellis, die sich in einem überfüllten Käfig auf einer Haustiermesse drängen. Sie könnten krank sein.

Nicht zu jung kaufen

Es ist davon abzuraten, einen Vogel zu kaufen, der noch nicht vollständig von seinen Eltern oder der Handaufzucht entwöhnt ist und deshalb noch nicht selbstständig frisst. Bevor er verkauft wird, sollte ein Jungvogel bereits mehrere Wochen selbstständig fressen. Dennoch werden Graupapageien und Amazonen um die 13. Woche herum abgegeben, laut Verkäufer bereits vollständig entwöhnt. Sofern Sie nicht selbst sehr erfahren in der Handaufzucht von Jungvögeln sind, erwerben Sie keinen Vogel, der noch nicht selbstständig fressen kann.

In der Wildnis leben die meisten jungen Papageien nicht nur einige Wochen, sondern viele Monate, ein Jahr oder noch länger mit ihren Eltern zusammen. In dieser Zeit lernen sie durch Versuch und Irrtum, viele unterschiedliche Futterarten zu finden und zu fressen, sich angemessen zu verhalten und mit Artgenossen umzugehen. Kaufen Sie einen jungen Vogel am besten erst, wenn er mehrere Monate alt ist. Sie können auf einen bestimmten Vogel auch eine Anzahlung leisten und

Links bis ganz rechts: *Papageien schlüpfen nackt und hilflos. Das Alter, wenn sie flügge werden, also das Nest verlassen, variiert zwischen mehreren Monaten bei den größeren Arten und nur wenige Wochen bei kleineren Vögeln.*

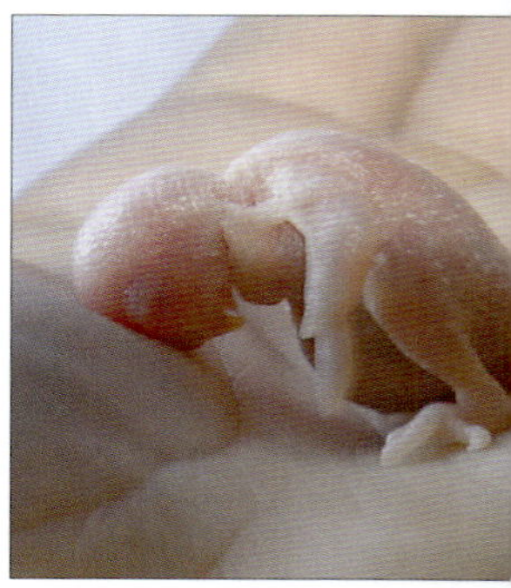

Links und rechts: *Bei den größeren Arten verläuft die Entwicklung des Vogeljungen relativ langsam, wie bei diesem Goldbrustara. Ein Araküken verlässt erst mit drei Monaten das Nest. Selbst dann ist es noch viele Monate von seinen Eltern abhängig.*

ihn erst dann abholen, wenn Sie sicher sind, dass er alt genug ist.

Manche Papageienexperten raten, gleich am Anfang nicht zu viel Zeit mit einem Jungvogel zu verbringen, damit er sich daran gewöhnen könne, längere Zeit allein zu sein. Dies ist ein sehr schlechter Ratschlag und kann schwere Verhaltensstörungen hervorrufen. Niemals würde man ein Kleinkind stundenlang allein lassen, damit es sich daran „gewöhnt". Jungvögel haben zu diesem Zeitpunkt andere Bedürfnisse und Fähigkeiten als später, wenn sie erwachsen sind. Daher ist es lebenswichtig, dass ein junger Vogel tagsüber immer Gesellschaft hat. Nur einen älteren Vogel kann man längere Zeit allein lassen. Und selbst dann kann zu häufiges Alleinsein unter Umständen zu Verhaltensproblemen führen. Deshalb sollte man den Vogel, wenn er alt genug ist, um damit umzugehen, sehr langsam und vorsichtig daran gewöhnen.

Anschaffung eines älteren Vogels

Natürlich müssen Sie sich nicht unbedingt einen jungen Vogel anschaffen – vielleicht nehmen Sie lieber einen älteren. Für den Tierhandel werden bereits mehr als genug Papageien gezüchtet,

Wird ein Papagei in einer Tierhandlung als „zahm" zum Verkauf angeboten wie auf diesem Bild, stellen Sie sicher, dass dies auch der Fall ist, bevor Sie ihn kaufen. Verlangen Sie zum Beweis seiner Zahmheit, dass Ihnen der Umgang mit ihm vorgeführt wird.

während viele ältere Papageien häufig in Vogelzeitschriften annonciert werden. Die Anschaffung eines älteren Vogel birgt auch Vorteile. Papageien sind sehr intelligente und – in den richtigen Händen – sehr anpassungsfähige Vögel, daher kann auch ein älterer die bessere Wahl sein.

Sobald ein Vogel ausgewachsen ist, zeigt sich sein wahrer Charakter, der sich in den kommenden Jahren nicht mehr wesentlich ändern wird. Mit etwas Training durch Sie (siehe Seiten 60–83) werden viele ältere Vögel zu sehr guten Hausgenossen.

Einen Vogel in Pflege nehmen

Von Zeit zu Zeit suchen Papageienrettungsstationen Pflegeplätze. Nehmen Sie solch einen Papageien zu sich, kommt dabei kein Kaufvertrag zustande, aber Sie können in der Regel einen Pflegevogel so lange halten, jedoch nicht besitzen, wie Sie mit den von der Station in ihrem Pflegeprogramm festgelegten Bedingungen einverstanden sind. Diese sind üblicherweise ähnlich gestaltet, wie wenn Sie einem Hund oder einer Katze in Not einen Pflegeplatz bieten.

Bei der Anschaffung eines älteren Vogels sollten Sie so viel wie möglich von seinem bisherigen Halter über den Vogel in Erfahrung bringen und ihn fragen, warum er den Vogel gerade jetzt verkauft. Viele Leute haben einen triftigen Grund, sich von dem Vogel zu trennen, auch überleben Papageien häufig ihren ersten oder zweiten Besitzer. Schauen Sie dem jetzigen Halter

Meistens dauert es länger, bis man einen älteren Vogel richtig gut kennt, der möglicherweise auch nicht das für erwachsene Vögel typische unterwürfige Verhalten zeigt.

Größere Arten wie dieser Arakanga können über 50 Jahre alt werden und überleben häufig ihre Besitzer. Die Anschaffung eines älteren Vogels lohnt sich, selbst wenn es etwas dauert, bis sie sich an Sie als ihren neuen Halter gewöhnt haben.

beim Umgang mit dem Papagei zu. Fragen Sie nach den Vorlieben und Abneigungen des Vogels und wie er bisher gehalten wurde. Manche älteren Vögel zeigen Verhaltensauffälligkeiten wie Federrupfen oder sie können sehr laut sein. Diese Probleme lassen sich jedoch durch umsichtigen Umgang häufig eingrenzen, wenn nicht gar beheben. Es kann durchaus sein, dass der Vogel es bei Ihnen besser hat, wenn seine bisherigen Halter ihm nicht mehr die gebührende Betreuung geben können.

Ihren Vogel trainieren

Die meisten Züchter und Tierhandlungen trainieren ihre Vögel nicht darauf, Kommandos von Menschen zu befolgen. Dieses müssen Sie also selbst in die Hand nehmen. Vögel können in jedem Alter Neues dazulernen. Um zu verhindern, dass sich Verhaltensprobleme festsetzen, trainieren Sie Ihren Vogel am besten gleich nach seiner Ankunft bei Ihnen, auf bestimmte Befehle oder Kommandos zu folgen. Warten Sie nicht mehrere Wochen, bis sich der Vogel eingelebt hat, sondern fangen Sie mit dem Grundtraining ein paar Tage nach seiner Ankunft an. Dadurch steigen Ihre Chancen, Probleme gleich von Anfang an zu vermeiden. Nicht trainierte Vögel können entweder nervös oder aggressiv werden und wissen nicht, wie sie sich Ihnen und anderen Familienmitgliedern gegenüber verhalten sollen. Nervöse, eher introvertierte oder weniger selbstbewusste Vögel wie manche Kakadus und Graupapageien werden oft verschlossen oder ängstlich, ein sorgfältiges Training kann dies verhindern.

Warten Sie nicht mit dem Training Ihres Vogels. In den meisten Fällen sollten Sie innerhalb von ein paar Tagen nach seiner Anschaffung damit beginnen können. In der Regel wird der Vogel genauso daran interessiert sein, Sie kennenzulernen, wie Sie ihn.

Den Zustand des Vogels prüfen

Das Gefieder dieses weiblichen Edelpapageis ist in schlechtem Zustand. Beachten Sie den ausgefransten Schwanz und die Flügelfedern sowie den gestutzten Flügel.

Zum Verkauf angebotene Vögel sollten in guter Verfassung sein. Dennoch sollten Sie, bevor Sie sich von Ihrem Geld trennen, auf Zeichen achten, dass etwas nicht in Ordnung sein könnte. Ein gesunder Vogel ist fröhlich, sehr aufgeweckt, aufmerksam und an den Vorgängen um ihn herum interessiert. Die Augen sollten weit offen und klar sein, nicht eingesunken, trüb oder mit halb geschlossenen Augenlidern. An den Nasenlöchern sollte sich kein Ausfluss finden, sie sollten frei und sauber sein. Die Unterseite des Vogels sollte ebenfalls sauber sein und ohne Spuren von Kot an den Federn.

Bei gutem Licht besehen, zeigt das Gefieder eines gesunden Papageis einen leichten Schimmer, so als ob es glänzen würde.

Der Zustand des Gefieders sagt viel über das Wohlbefinden eines Vogels aus. Es soll in guter Kondition sein, weder ausgefranst noch beschädigt, mit einem leichten Schimmer, der bei gutem Licht als Glanz auf den Federn erscheint. Gefiederabnutzung an den Außenrändern der Hauptflugfedern und am Schwanz kommt bei Käfighaltung häufig vor. Dabei ist ein geringer Abnutzungsgrad nicht von Bedeutung, starke Abnutzung kann jedoch ein Zeichen für Federrupfen sein. Dieses beginnt häufig damit, dass der Vogel das Gefieder an Brust oder „Schultern“ oder am Flügelbug beschädigt. Normalerweise sollten die Körperfedern nicht aufgeplustert sein, sondern glatt, aber nicht zu eng anliegend. Ein Vogel mit aufgeplustertem Gefieder, besonders wenn er größtenteils passiv ist, fühlt sich sehr wahrscheinlich unwohl.

Worauf noch zu achten ist

Beim Ausruhen stehen gesunde Vögel in der Regel auf einem Bein und stecken das andere unter ihren Bauch. Schlafende Vögel, die auf beiden

Der linke Flügel dieses Afrikanischen Graupapageien ist stark gestutzt. Beim Versuch zu fliegen würde er schwere Verletzungen erleiden.

Beinen stehen, haben Gleichgewichtsprobleme, was wiederum ein Krankheitssymptom sein könnte. Achten Sie auch auf Missbildungen. Die Füße sollten die Sitzstange fest umfassen. Vögel mit Fußmissbildungen können in den ersten Lebenswochen an Vitamin- und Mineralstoffmangel gelitten haben. Kontrollieren Sie, ob die Krallen des Vogels vollzählig sind. Alle Papageien haben vier Zehen, wenn aber der Vogel mit einem anderen gekämpft hat, können Zehen oder Krallen entweder beschädigt sein oder fehlen.

Die Füße dieses Afrikanischen Graupapageien umfassen die Sitzstange fest und gleichmäßig.

Bei jedem Vogel mit gestutzten Flügeln sollten beide Flügel nur leicht beschnitten werden. So kann er zumindest landen, ohne abzustürzen und sich dabei zu verletzen. Vögel mit einseitig gestutztem Flügel neigen zu schweren Unfällen. Auch bei unsachgemäßem Stutzen kann das Fluggefieder gerichtet werden.

Beim Kauf eines jungen Vogels sollten Sie gründlich untersuchen, ob seine Flügel gestutzt worden sind. Dies sollte im Interesse der Gesundheit und des Wohlbefindens eines Jungvogels nicht stattfinden, sondern er sollte in diesem Entwicklungsstadium dazu ermuntert werden, seine Flugfähigkeit täglich zu trainieren. Hat ein Jungvogel, den Sie gerne kaufen möchten, gestutzte Flügel, könnten Sie den Besitzer bitten, die Flügel zu richten, bevor Sie ihn kaufen. Oder Sie lassen sie selbst bei einem Fachtierarzt für Vögel reparieren, wenn Sie den Vogel kaufen. Zu Einzelheiten über die Vorgehensweise des Einsetzens von Federn siehe auf Seite 110–111. Prüfen Sie bei einem älteren Vogel, ob die Flügel so stark gestutzt sind, dass der Vogel bei einem Flugversuch das Gleichgewicht verliert.

Zählen Sie zur Überprüfung des Flügelzustands die äußeren Hauptflugfedern. Es sollten neun oder zehn Handschwingen sein, wie hier bei diesem Goldbugpapagei.

Halten Sie den Flügel am Handgelenk, wenn Sie ihn aufspreizen.

Den Vogel mit nach Hause nehmen

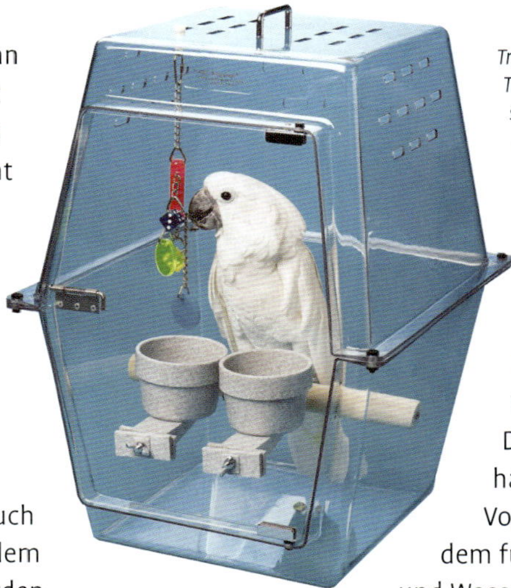

Transparente Kunststoffkäfige sind für den Transport geeignet, sofern sie gut belüftet sind und während des Transports teilweise abgedeckt werden.

Man muss aufpassen, wenn man einen Vogel an einen neuen Ort bringt. Papageien nehmen alles wahr, was um sie herum vorgeht und Sie sollten versuchen, diesen Stress für den Vogel zu mildern, wenn Sie ihn mit nach Hause nehmen. Zahme Vögel können normalerweise direkt in einen kleinen Transportkäfig gesetzt werden. Solche, die nicht zahm sind, müssen vorsichtig mit einem Tuch gefangen und dann direkt aus dem Tuch in den Käfig entlassen werden. Vögel gehen lieber in einen Ganzdrahtkäfig als in eine dunkle, kastenförmige Box. Während des eigentlichen Transports bleiben die Vögel ruhiger, wenn ihr Gesichtsfeld eingeschränkt wird. Decken Sie daher den Ganzdrahtkäfig mit einem Handtuch oder einer Decke ab, sobald der Vogel im Käfig sitzt. Außerdem sollte eine Sitzstange in der Käfigmitte und knapp über dem Boden befestigt werden. Bei Reisen, die länger als zwei Stunden dauern, sollte man Futter, besonders Nassfutter wie Trauben oder Apfelstückchen anbieten.

Den Käfig rechtzeitig vorbereiten

Das Vogelheim im neuen Zuhause sollte vor Ankunft des Vogels bereits aufgestellt und mit dem für den Papagei üblichen Futter und Wasser ausrüstet sein. Am besten steht der Käfig mit dem Rücken zur Wand, sodass der Vogel eine geschlossene Fläche hinter sich hat. Dadurch fühlt er sich sicherer. Die oberste Sitzstange im Käfig sollte sich auf oder knapp unterhalb unserer Augenhöhe befinden. Ist diese Sitzstange zu niedrig angebracht, kann sich der Vogel sehr verwundbar fühlen.

Nach Verlassen der Tierhandlung oder des Züchters muss der Vogel plötzlich eine Vielzahl von Eindrücken bewältigen: Er trifft neue Menschen,

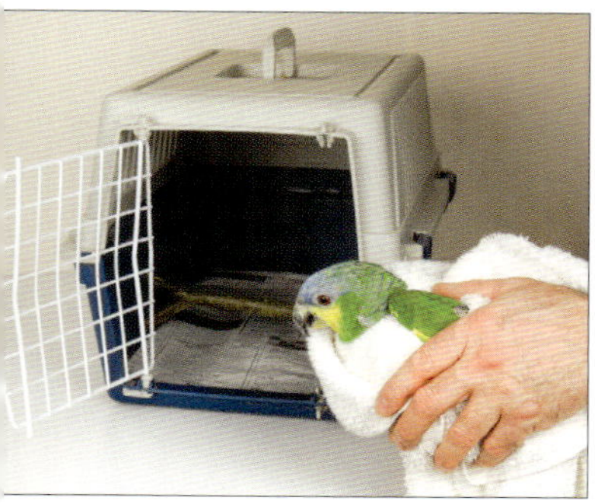

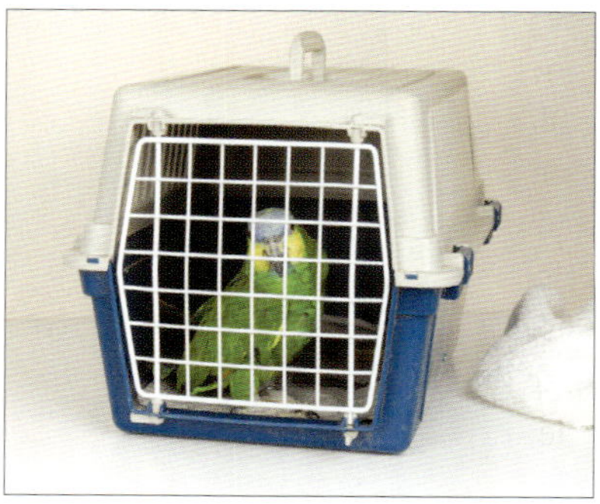

Links und Mitte: *Ein Transportkäfig sollte geschlossene Seiten haben, damit der Vogel nichts sieht, und eine knapp über dem Boden angebrachte Sitzstange. Verwenden Sie beim Umgang mit dem Vogel ein Handtuch.*

Rechts: *Vögel können dazu trainiert werden, selbstständig in den Transportkäfig zu gehen. Dabei bevorzugen sie einen Ganzdrahtkäfig. Während des Transports sollte der Käfig mit einem Tuch abgedeckt werden.*

Die oberste Sitzstange darf nicht zu niedrig im Käfig angebracht sein; ebenso wenig dürfen die Futternäpfe zu weit unten sein.

hat einen ungewohnten Käfig und viele Anblicke und Geräusche bei Ihnen Zuhause sind fremd für ihn. Das kann dazu führen, dass der Papagei eine Zeit lang misstrauisch bleibt. Es ist wichtig, andere Veränderungen allmählich vorzunehmen, um den Vogel nicht aufzuregen. Wechseln Sie in diesem Stadium nicht das Futter, füttern Sie ihn wie immer. Und zeigen Sie ihm neues Spielzeug erst nach ein, zwei Tagen im neuen Zuhause. Sprechen Sie am ersten Tag nicht ständig mit ihm. Wenn Sie es ruhig angehen lassen, wird sich der Vogel gut einleben und auch alles Neue um sich herum akzeptieren.

Vorsicht bei fliegenden Vögeln

Ein Jungvogel stellt sich bei seinen Flugversuchen möglicherweise ungeschickt an, was aber völlig normal ist. In dieser Entwicklungsphase sind die Jungen wie kleine Kinder, die laufen lernen. Daher kann es passieren, dass sie bruchlanden oder Entfernungen falsch einschätzen und irgendwo anstoßen. Dann stutzen die Besitzer manchmal die Flügel des Vogels in dem falschen und gefährlichen Glauben, diese helfe, solche Unfälle zu vermeiden. Leider verschlimmert es die Situation besonders bei einem Jungvogel aber nur. Der Vogel wird weiterhin Flugversuche unternehmen, da Papageien in diesem Alter einen starken Drang verspüren, das Fliegen als Teil ihrer angeborenen Überlebensstrategie zu lernen. Mit gestutzten Flügeln besitzt er noch weniger Kontrolle und Selbstvertrauen als sowieso schon. Tatsächlich kann Flügelstutzen bei Jungvögeln sehr schnell zu gravierenden Problemen führen. Lassen Sie den Vogel seine Flugfähigkeit so gut wie möglich erproben.

Verhindern Sie nach Möglichkeit Zusammenstöße mit Fenstern und Spiegeln. Spiegel kann man abnehmen oder verhängen und Fenster sollte man mindestens teilweise abhängen, solange der Vogel nicht im Käfig ist. Zur Vermeidung von Flugunfällen bei einem Jungvogel müssen Sie den Vogel vorsichtig an die Zimmer gewöhnen, zu denen er Zugang haben soll. Trainieren Sie zuvor mehrmals Übungen, bei denen Sie den Vogel auffordern, von Ihrer Hand abzusteigen und sichere Plätze aufzusuchen wie beispielsweise das Käfigdach, den Ständer oder die Stuhllehne (siehe Seite 66–69). Kennt Ihr Vogel erst die besten Sitzplätze, wird er diese beim Fliegen immer wieder zum Landen ansteuern, anstatt irgendwo eine Bruchlandung hinzulegen.

Bei neuen oder nervösen Vögeln immer ruhig und gelassen bleiben, um sie in ihrem neuen Zuhause nicht aufzuregen.

Verhalten verstehen

Instinktverhalten

Die Gründe, warum sich Lebewesen, seien es Menschen oder andere intelligente wie Papageien, in einer bestimmten Art und Weise verhalten, sind sehr komplex. Im Vergleich zu anderen Bereichen ist die wissenschaftliche Erforschung des Verhaltens ein relativ neues Feld. Manche Verhaltensweisen, die wir an Tieren beobachten, sind weitgehend angeboren, das heißt sie werden instinktiv ausgeführt. Wir haben wenig oder überhaupt keine Kontrolle darüber. Man unterscheidet zwischen drei Formen des Verhaltens: Reflexverhalten, festgelegte Handlungsmuster und angeborene Verhaltenstendenzen.

Das Auge eines Papageis schließt sich kurz, wenn etwas plötzlich vor seinem Gesicht auftaucht oder ihn nahe am Auge berührt. Diese Aufnahmen zeigen einen Goldbugpapagei im Moment des Blinzelns.

Beispiele für Reflexverhalten sind das Blinzeln oder das Vermeiden heißer Flächen, wenn wir unsere Hand schnell wegziehen. Sie unterstehen nicht unserer willkürlichen Kontrolle, sondern sind eine Reaktion auf einen äußeren Reiz. Papageien zeigen viele Reflexverhaltensweisen. Sie blinzeln genau wie wir, wenn sich etwas ihrem Auge nähert und bei einem plötzlichen Geräusch oder Ereignis drehen sie sich um. Papageiennestlinge zeigen Futterbetteln, das durch das Erscheinen eines oder beider Elternteile bei Rückkehr zum Nest ausgelöst wird.

Festgelegte Handlungsmuster sind komplexe Verhaltensantworten. Bei Papageien zeigen sie sich zum Beispiel in der Art und Weise, wie sie ihre Glieder strecken: entweder linkes Bein und den linken Flügel zusammen oder rechtes Bein und den rechten Flügel, während sie auf dem jeweils anderen Bein stehen. Außerdem

Papageien füttern ihre Partner und Jungen, indem sie teilweise verdautes Futter aus dem Kropf hervorwürgen. Wenn ein Papageienjunges fressen möchte, bettelt es, indem es den Schnabel seiner Mutter berührt, wenn sie zum Nest zurückkehrt.

gleiten Papageien in der Luft, wenn ihre Flügelspitzen nach unten weisen und sich unterhalb ihrer Rückenlinie befinden. Tauben dagegen gleiten mit V-förmig nach oben gerichteten Flügelspitzen. Der Vogel hat wenig Kontrolle über diese Aktionen, sie sind Teil der genetischen Veranlagung und müssen nicht erlernt werden.

Angeborene Verhaltensweisen sind zwar ebenfalls Instinkthandlungen, aber wesentlich komplexere. Mit ihnen kann man das allgemeine Wesen eines Vogels beschreiben. So gelten Wellensittiche meist als sehr emsige und neugierige Vögel, Edelpapageien dagegen eher als passiv oder gar faul. Im Gegensatz zu den beiden anderen Verhaltensweisen enthält angeborenes Verhalten eine Lernkomponente und kann durch Erfahrungen im Laufe des Lebens verändert werden. Der Ursprung aller drei Verhaltensformen ist jedoch genetisch bedingt. Sie haben sich aus demselben Grund entwickelt wie alle anderen Daseinszustände auch – sie erhöhen die Überlebenschancen eines Vogels in seinem Lebensraum. Jede Form des Verhaltens hat einen definierten Zweck oder eine Funktion.

Diese beiden Aufnahmen erlauben einen Vergleich der Flugmuster beim Gleiten einer Taube und eines Aras. Die Flügel der Taube weisen immer nach oben, die des Aras nach unten.

Erlerntes Verhalten

Um 1890 wurden die ersten wissenschaftlichen Untersuchungen zum Verhalten von Tieren durchgeführt. Sie konnten belegen, dass Tiere nicht nur auf Instinktverhalten zurückgreifen, sondern viele neue Verhaltensweisen erlernen können. Die Untersuchungen haben gezeigt, dass dieses erlernte Verhalten ausgeführt wurde, weil das Tier wusste, dass es zu erwünschten Konsequenzen führt. So entstand die erste Theorie in der Verhaltensanalyse, der Behaviourismus: „Die Konsequenzen eines Verhaltens wirken auf das Verhalten zurück."

Später wurde dieses Thema vom russischen Physiologen Iwan Pawlow weiterentwickelt, indem er einen Hund darauf konditionierte, zu speicheln, also Futter vorherzuerahnen, sobald eine Glocke ertönte. Diese erlernte Reizreaktion, der Ton der Glocke in Verbindung mit der Bereitstellung von Futter, zeigte zum ersten Mal, dass Tiere Neues leicht erlernen können. Die moderne Verhaltensanalyse wurde in den 1930er-Jahren durch B. F. Skinner weitergeführt. Er verfeinerte Pawlows Arbeiten, indem er den Schwerpunkt auf die Fähigkeiten des Tieres, neue Dinge zu erlernen, legte. Tatsächlich wird Skinner häufig als der Begründer der „Angewandten Verhaltensanalyse" angesehen.

Angewandte Verhaltensanalyse

Trotz vieler Methoden, die angeblich zeigen, wie das Verhalten eines Vogels geändert, wie er gezähmt oder wie Verhaltensprobleme gelöst werden können, ist die einzige wissenschaftliche Methode zur Änderung von Verhaltensweisen die Angewandte Verhaltensanalyse. Genau wie die medizinische Betreuung von Vögeln auf fundierten wissenschaftlichen Grundlagen der Veterinärmedizin beruht, so stellt die Angewandte Verhaltensanalyse das Verhalten auf eine ähnliche wissenschaftliche Basis. Sie konzentriert sich dabei auf beobachtbares Verhalten und wie dieses entweder entwickelt, verringert oder sogar beseitigt werden kann. Während Papageien sicherlich ihre eigenen Empfindungen haben, geht die Angewandte Verhaltensanalyse darauf nicht ein, weil sie weder beobachtet noch gemessen werden können. Sie arbeitet mit der sorgfältigen Beobachtung dessen, was wir den Vogel tatsächlich und wie oft tun *sehen*.

Dieser Timneh-Graupapagei genießt das Kraulen am Kopf, so kann ein Vogel auch für gutes Verhalten belohnt werden.

Das Gefiederputzen dieses Afrikanischen Graupapageis zählt zum angeborenen Verhalten.

Da Instinktverhalten vom Vogel nicht gesteuert werden kann, würden wir nicht versuchen, es zu ändern. Die Verhaltensweisen, die wir beobachten, zählen zu den willkürlichen, die der Vogel kontrolliert ausführen kann und zu denen er sich durch Erlernen entschlossen hat. Dabei kann es sich um erwünschtes Verhalten handeln, wenn der Vogel zu Ihnen fliegt, weil er gerne mit Ihnen zusammen ist, oder um unerwünschtes, wenn der Vogel in die Hand beißt anstatt daraufzuklettern.

Alle diese Verhaltensweisen haben eine Ursache, und der Vogel erfährt jedes Mal positive Konsequenzen, wenn er das gewünschte Verhalten zeigt. Aus diesen Ergebnissen wissen wir, dass diese Verhaltensweisen eine Flexibilität besitzen, die bei angeborenem Verhalten nicht auftritt. Das Eintreten einer positiven Konsequenz, der Belohnung, unmittelbar nach einem Verhalten verstärkt dieses, das heißt, es wird mit großer Wahrscheinlichkeit wiederholt. Haben wir dies verinnerlicht, können wir von unseren Vögeln ein bestimmtes Verhalten verlangen und es so belohnen, dass es verstärkt wird. Die Belohnung muss etwas sein, was der Vogel bereits mag. Es ist genauso, wie wenn jemand für geleistete Arbeit belohnt wird. Ist Belohnung wertvoll genug, werden Sie mit hoher Wahrscheinlichkeit die von Ihnen verlangte Aufgabe durchführen.

Eine Futterauswahl, um herauszufinden, welches geeignet ist. Bieten Sie Ihrem Vogel verschiedene Futtersorten gleichzeitig, wie abgebildet, an und beobachten Sie, welche er zuerst auswählt.

Lieblingsfutter

Futter kann als Belohnung verwendet werden, doch ein Papagei mag manche Futtersorten weitaus mehr als andere. Daher müssen Sie, bevor Sie mit Futterbelohnungen arbeiten, herausfinden, welches das Lieblingsfutter des Papageis ist. Generell bevorzugen Papageien stark fetthaltiges oder sehr süßes Futter. Auch ist häufig die Größe des Futterstücks für den Vogel interessanter als seine Beschaffenheit. Dies müssen Sie berücksichtigen und Portionen bekannter Lieblingsstücke in entsprechender Größe anbieten. Bei der Erforschung der Vorlieben Ihres Vogels könnten Sie wie folgt vorgehen: eine halbe Traube, eine Mandel, je ein Stück Brot derselben Größe mit Erdnussbutter oder Margarine, eine Erdnuss, eine halbe Walnuss und so weiter. Bieten Sie dem Vogel diese Futterstücke gleichzeitig an und beobachten Sie, welches er zuerst nimmt und auch frisst. Wiederholen Sie diesen Test vielleicht vier bis fünf Mal im Laufe des Tages und notieren Sie die Futterstücke, er zuerst aussucht. Sie werden bald feststellen, dass er ein oder zwei ganz bestimmte bevorzugt. Diese können Sie dann während der Übungen als Belohnung verwenden. An den Tagen, an denen Sie mit dem Vogel arbeiten, lassen Sie dieses Futter bei der normalen Fütterung weg.

Verhaltens-ABC

Beim Einsatz von Methoden der Angewandten Verhaltensanalyse zum Verständnis spezifischer Verhaltensweisen ist es hilfreich, den Ablauf in beobachtbare Komponenten zu unterteilen:

A wie **Ausgangssituation**
= die dem Verhalten direkt vorausgehenden Umstände, Erwartungshaltung

B wie **Bestimmte Verhaltensweise**
= das genaue Verhalten an sich

C wie **Charakterisierung der Konsequenz**
= die unmittelbaren Folgen des Verhaltens

Beispiel dieser ABC-Bewertung bei einem Timneh-Graupapagei, der dafür bekannt ist, bisweilen zu beißen, wenn er aus dem Käfig auf die Hand seines Betreuers klettern soll. Der Betreuer öffnet die Käfigtür, fordert den Vogel auf, auf seine Hand zu klettern, aber manchmal hat der Vogel sein Gefieder eng an den Körper gepresst, seine Augen sind geweitet, sein Blick starr und er stürzt sich auf den Betreuer und beißt ihn in die Hand. Der Betreuer nimmt seine Hand weg, schließt die Käfigtür und geht weg. Nach dem ABC-Schema sieht der Verhaltensablauf folgendermaßen aus:

A Der Betreuer des Vogels öffnet den Käfig und bietet seine Hand mit der Aufforderung „Auf".

B Der Vogel hält sein Gefieder eng am Körper, seine Augen sind geweitet, sein Blick starr, während er sich vorstürzt und in die Hand beißt.

C Der Betreuer nimmt seine Hand weg, schließt die Käfigtür und geht weg.

Beobachten Sie die Körpersprache Ihres Vogels

Aus diesem Verhalten können wir ableiten, dass der Vogel manchmal möchte, dass sein Besitzer weggeht: starrer Blick, angepresstes Gefieder. Der Besitzer weigert sich, also beißt der Vogel ihn und *daraufhin geht der Besitzer tatsächlich weg.*

Viele Menschen meinen, ein Vogel beiße ohne

A *Dieser Vogel möchte jetzt nicht aus seinem Käfig kommen, aber er nähert sich der Hand des Besitzers und …*

B *… beißt, da der Besitzer nicht in der Lage war, die Körpersprache des Vogels richtig zu deuten.*

C *Daher schließt der Besitzer die Käfigtür, geht weg und lässt den Vogel eine Zeit lang allein.*

Vorwarnung. Doch meistens signalisieren Vögel sehr deutlich ihre Beißabsicht. Es ist entscheidend, die Körpersprache des Vogels während der gesamten Interaktion sorgfältig zu beobachten. Aktionen und Reaktionen von Vögeln sind oft sehr schnell und für den Menschen sehr kurz – so als ob der Vogel das, was für uns ein langer Satz wäre, mit einem Augenzwinkern, kurzen Anheben oder Anlegen des Gefieders mitteilen könnte. Vögel haben einen viel schnelleren Lebensrhythmus als Menschen, daher können Sie, wenn Sie nicht sehr aufmerksam sind, leicht die eindeutigen Warnsignale des Vogels verpassen.

A *Ein neuer Ansatz: Die Käfigtür wird geöffnet und dem Vogel eine Belohnung gezeigt. Der Vogel ist entspannt.*

Verhaltenweisen verändern

Um das Beißverhalten dieses Vogels nach den Prinzipien der Verhaltensanalyse zu ändern, muss der Betreuer die vorausgehenden Bedingungen und/oder die auf das Verhalten folgenden Konsequenzen ändern. Dabei ist es entscheidend, dass der Vogel mit etwas belohnt wird, das er schon sehr mag. Weiß man, dass das spezielle Lieblingsfutter des Vogels Trauben sind, gibt man ihm eine Traube, aber nur, wenn er auf die Hand steigt. Dann sieht die ABC-Bewertung so aus:

A Der Betreuer des Vogels öffnet die Käfigtür und begrüßt den Vogel. Er stellt Blickkontakt her und wartet auf ein Zeichen, dass der Vogel in einer empfänglichen Stimmung ist: er ruft oder stellt seine Kopffedern leicht auf. Daraufhin verwendet der Betreuer einen neuen Befehl für das Aufsteigen wie etwa „Hier rauf", während er seine Hand anbietet.

B Der Vogel steigt auf.

C Der Vogel wird etwas belohnt. Der Betreuer gibt ihm eine Traube und setzt ihn zum Fressen zurück auf eine Sitzstange. Dann wird der Vogel auch verbal gelobt, um diese Reaktion mit der Futterbelohnung zu verknüpfen.

B *Der Vogel befolgt den Befehl „Hier rauf" und steigt auf die ausgestreckte Hand des Besitzers.*

C *Jetzt erhält der Vogel seine Belohnung in Form eines Leckerchens, wie einer Traube und ganz viel Lob.*

Verstärkung eines Verhaltens

Wenn ein Verhalten immer wieder gezeigt wird, spricht man von seiner *Verstärkung*. Im ABC-Beispiel auf der vorherigen Seite wurde der Vogel mit seinem Lieblingsfutter dafür belohnt, dass er auf die Hand seines Betreuers gestiegen ist. Befolgt der Vogel diesen Befehl des Betreuers immer wieder und unterlässt das Beißen, dann verstärkt sich das erwünschte Verhalten.

Es gibt jedoch zwei Arten der Verstärkung, die zur Wiederholung eines Verhaltens führen: die *positive* und die *negative*. Positiv bedeutet, der Vogel bekommt etwas, das er haben möchte, eine Belohnung. In dieser Situation wird die Belohnung *durch den Vogel bestimmt*. Bei manchen Vögeln kann sie ein Lieblingsfutter sein, ein anderer wird vielleicht mehr durch sein Lieblingsspielzeug, wieder ein anderer durch sanftes Kopfkraulen motiviert. Das Belohnen ist absolut entscheidend beim Erlernen eines neuen Verhaltens.

Negative Verstärkung bedeutet, dass ein Vogel ein Verhalten ausführt, um *ein unangenehmes Ergebnis zu vermeiden*. Ein Reiter kann sein Pferd dazu motivieren, schneller zu gehen, indem er an seinen Flanken die Sporen gebraucht. Das Pferd läuft deshalb schneller, weil es weiß, dass dann der Reiter seine Sporen wegnimmt und das Unbehagen oder der Schmerz aufhört. Negative Verstärkung „funktioniert", denn das Tier zeigt das Verhalten, aber nur weil es sonst Unbehagen oder sogar Schmerz empfindet. Bei Papageien sollte niemals negative Verstärkung benutzt werden, weil Schmerz oder Unbehagen beim Vogel starke Furcht vor seinem Trainer erzeugen kann. Dies ist das genaue Gegenteil von dem, was man mit jedem Papageien anstreben sollte: einer vertrauensvollen Beziehung.

Dieser Goldbugpapagei liebt es, wenn sein Kopf sanft gekrault wird. Dies kann während der Übungen als sehr effektive Belohnung eingesetzt werden.

Clickertraining

Clickern wird häufig bei der Ausbildung von Hunden und manchmal auch bei Papageien zur Unterstützung der positiven Verstärkung eingesetzt und kann sehr wirksam sein. Der Trainer benutzt ein kleines Handgerät, das beim Drücken eines Metallstreifens ein klickendes Geräusch macht. Der Ausbilder „klickt" als Zeichen für den Vogel, dass ihm eine Belohnung bevorsteht, *wenn* der Vogel das gewünschte Verhalten ausführt. Das

Dieser Graupapagei zieht eine Futterbelohnung dem Gekraultwerden vor, sodass dies in diesem Trainingsstadium für den Vogel eine effektivere Art der Belohnung ist.

Zurück zum Beispiel: Ein bissiger Vogel soll auf die Hand steigen, ohne zu beißen:

Bekommt der Vogel zusammen mit dem neuen Befehl „Hier rauf" und der neuen Belohnung, die Hand gereicht und zeigt, dass er zubeißen will, sollte der Besitzer einfach *seine Hand wegziehen, vom Vogel weggehen*, die Käfigtür schließen und den Vogel in Ruhe lassen. Man kann es dann später noch einmal versuchen.

Dieser Goldbugpapagei wird durch Clickern trainiert und aufgefordert, zu seinem Betreuer zu kommen und auf einen Ständer zu steigen. Der Clicker ertönt, sobald der Vogel dabei ist, aufzusteigen.

Clicker sind in vielen Zoohandlungen erhältlich. Bei manchen, wie dem hier abgebildeten, kann sogar die Lautstärke beliebig eingestellt werden!

Klicken wird als Brücke zwischen dem ausgesprochenen Befehl und der Belohnung benutzt, die das Tier unmittelbar nach Ausführung des Verhaltens erhält.

Beim Graupapagei und beim Timneh ist mit dem Clicker Vorsicht geboten, denn diese Vögel verwenden eigene Klickgeräusche in ihrem angeborenen Lautrepertoire. Wenn Graupapageien klicken, wird dieses Geräusch als Drohung benutzt, als Warnung, dass sie bei fortgesetzter Provokation zubeißen werden.

Der Einsatz positiver Verstärkung (Belohnungen) verschafft Ihrem Vogel die nötige Motivation, das von Ihnen gewünschte Verhalten zu zeigen. Sind Sie und der Vogel sich erst einmal über diesen Ablauf einig, Vögel lernen sehr schnell, ist das Training überhaupt nicht mehr schwierig.

Aufmerksame Vögel werden sofort auf die Belohnung losgehen.

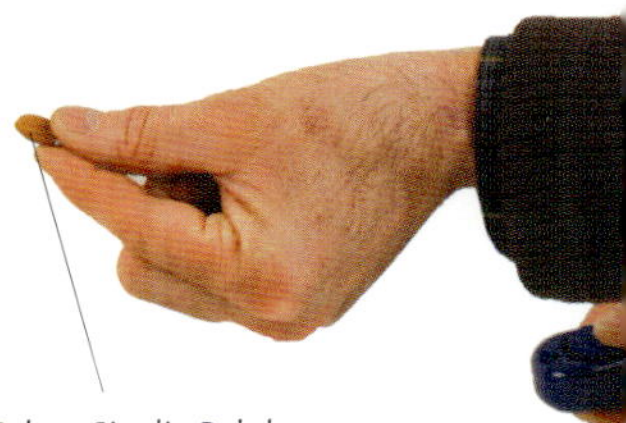

Geben Sie die Belohnung ohne Zögern.

Loben Sie den Vogel mit Worten, während Sie ihn belohnen, damit der Vogel beides verknüpft.

Verhalten formen

1

2

3

„Shaping“, Verhaltensformung, ist eine Methode, mit der eine stufenweise Annäherung an ein bestimmtes Endverhalten erreicht wird. Nervöse Vögel steigen oft sehr zögerlich auf eine menschliche Hand, weil sie vielleicht in der Vergangenheit schlechte Erfahrungen mit einem solchen Kontakt verbinden. Um dies zu überwinden, können Sie die Shaping-Methode anwenden. Bevor Sie beginnen, sollten Sie zwei Dinge festlegen:

a) Was wird Ihre „verstärkende“ Belohnung sein?

b) Wie soll das endgültige Verhalten genau aussehen?

Ihre Belohnung muss etwas sein, was der Vogel bereits sehr mag, vielleicht ein kleiner Futterleckerbissen.

In unserem Beispiel besteht Ihr endgültiges Verhalten, das Verhaltensziel, darin, dass der Vogel nach verbaler Aufforderung auf Ihre Hand steigt. Momentan ist er dazu vielleicht zu nervös, also brauchen Sie fünf oder mehr, wie nachfolgend beschriebene Schritte, wenn Sie Ihren Vogel zu diesem Verhalten auffordern. Vielleicht nimmt er im Moment nur das Futter aus Ihrer Hand. Diese Übung macht man am besten, wenn der Vogel oben auf seinem Käfig, einer vertrauten Sitzstange oder einem Ständer in der Nähe des Käfigs sitzt. Also kann Ihr anfängliches Verhaltensziel so aussehen:

1 *Wenn ich sage, „Auf“, macht der Vogel zwei Schritte in Richtung meiner rechten Hand, in der ich eine Belohnung anbiete.* Fordern Sie den Vogel während der ersten Übungen nur dazu auf, mindestens zwei Schritte in Richtung Ihrer Hand zu machen, während Sie ihm Ihre Belohnung anbieten. Tut er dies, geben Sie ihm die Belohnung und kombinieren Sie dies mit lobenden Worten. Hat sich der Vogel vielleicht nach ein paar Mal Üben an diesem Tag das Verhalten angewöhnt, können Sie das Verhaltensziel etwas in Richtung Schritt Zwei verschieben.

2 *Der Vogel macht zwei Schritte in Richtung meiner rechten Hand, in der ich eine Belohnung anbiete, während meine linke Hand in Sichtweite ist.* Jetzt fordern Sie den Vogel auf, mindestens zwei Schritte in Ihre Richtung zu kommen, während er Ihre linke Hand, auf die er schließlich steigen soll, in der Nähe sehen kann. Macht er die zwei Schritte in Ihre Richtung, geben Sie ihm sofort wieder die Belohnung und loben den Vogel. Fühlt er sich in dieser Phase wohl, können Sie zum nächsten Schritt übergehen.

3 *Der Vogel nähert sich bis zu 3 cm meiner linken Hand, während ich mit der rechten Hand eine Belohnung anbiete.* Legen Sie Ihre linke Hand zwischen den Vogel und Ihre rechte Hand, sodass der Vogel darauf zugehen muss, um die Belohnung aus Ihrer

4

5

rechten Hand zu nehmen. Nähert sich der Vogel Ihrer linken Hand bis zu 3 cm, belohnen und loben Sie ihn. Nächster Schritt:

4 *Der Vogel kommt auf Sie zu und berührt die linke Hand mit einem oder beiden Füßen, während mit der rechten Hand eine Belohnung angeboten wird.* Belohnen und loben Sie den Vogel wie vorher. Nächster Schritt:

5 *Der Vogel läuft auf die linke Hand, während mit der rechten Hand eine Belohnung angeboten wird.* Belohnen und loben Sie den Vogel wie gehabt. Natürlich können Sie die Anzahl der einzelnen Schritte variieren, um sein endgültige Verhalten zu erreichen. Sehr nervöse Vögel werden ein viel langsameres Vorgehen verlangen, vielleicht sieben oder acht Schritte, während mehr selbstbewusste das Ziel in drei oder vier Schritten erreichen können. Der Schlüssel dazu ist ein solch sorgfältiger Aufbau der einzelnen Schritte, in denen sich Ihr Vogel immer wohlfühlen sollte.

Futterbelohnungen funktionieren gut, aber nur, wenn der Vogel danach verlangt. Generell sollte man Vögeln nicht das Futter entziehen, aber an den Übungstagen können Sie sicherlich manche Lieblingsfutterstücke sparsam geben.

Körpersprache des Vogels deuten

Zusätzlich zum bisher dargestellten, auf Belohnungen aufgebauten Training sollten Sie Körpersprache, Stimmungen und auch Reaktionen Ihres Vogels kennen. Alle Papageien verfügen über eine gut entwickelte Laut- und Körpersprache, die sie zur Verständigung benutzen. Sie kann Hunderte verschiedener Rufe, Körperhaltungen und Handlungen enthalten, und jede Papageienart wird davon auf ihre Weise regen Gebrauch machen. Mit der Zeit werden Sie Ihrem Vogel an seinen Vorlieben und Abneigungen erkennen und wie sich seine Nervosität, Verspieltheit oder sein Interesse für bestimmte Dinge äußert. Viele Grundverhaltensweisen ähneln einander, daher lohnt es sich, sie einmal allgemein zu betrachten.

Oben: *Die „Sprache" dieses Hyazinth-Aras umfasst eine Reihe von Rufen und Körperhaltungen sowie Kopfnicken.*

Links: *Ein nervöser Afrikanischer Graupapagei. Achten Sie auf das eng angelegte Gefieder, die geweiteten Augen, den starren Blick und die zum Abflug angehobenen Flügel.*

Die für Sie interessanten Verhaltensweisen kann man grob in zwei Bereiche unterteilen: negatives Verhalten, das durch Ereignisse ausgelöst wird, die beim Vogel Nervosität, Furcht oder Aggression auslösen, und positives Verhalten, das beim Vogel Interesse, eine Vorliebe für etwas, Verspieltheit oder den Wunsch nach Geselligkeit ausdrückt.

Von Natur aus nervös

Die meisten Vögel zeigen ihre Nervosität, indem Sie vor der Ursache des Problems zurückweichen oder sich weglehnen. Dabei halten sie ihre Federn ganz eng an den Körper gepresst, die Augen werden groß, der Blick starr und der Vogel setzt zum Abflug an. Sitzt er auf Ihrer Hand, spüren Sie vielleicht, wie er Ihren Finger fest umklammert. Wenn dies passiert, sollten Sie eine Übung für ein paar Minuten unterbrechen, um dem Vogel Zeit zu geben, sich zu beruhigen. Aggression äußert sich bei fast allen Vögeln dadurch, dass sie größer erscheinen wollen, so wie ein Hund, der die Rückenhaare aufstellt. Bei Papageien erkennen Sie eine aggressive Haltung daran, dass der Vogel sein

Gefieder an Rücken und Nacken sträubt, obwohl dies manchmal nur ein, zwei Sekunden dauern kann. Der Vogel starrt außerdem intensiv die Quelle des Ärgernisses an, das diese Reaktion hervorruft. Unerschrockene und selbstbewusste Vögel zeigen eher leichte Zeichen von Aggression, die man besser als Selbstvertrauen oder Entschlossenheit deuten sollte.

Oben: *Das aufgestellte Rückengefieder zeigt, dass irgendetwas bei diesem Graupapageien Aggressionen ausgelöst hat.*
Unten: *Viele Papageien „blitzen", wenn sie ärgerlich oder aufgeregt sind, indem sie ihre Pupillen schnell, aber kurz, verengen.*

Papageien können die Iris ihrer Augen willkürlich steuern und so können Sie manchmal das „Blitzen" beobachten, ein kurzer, stechender Blick. Dieses Signal ist sehr komplex, kann entweder eine aggressive Absicht oder positiv Aufregung bedeuten. Amazonen, Aras und Langflügelpapageien wie der Goldbug- und Mohrenkopfpapagei blitzen gerne, Graupapageien dagegen nur gelegentlich. Blitzen ist situationsabhängig, je nachdem, was dem Vogel in genau diesem Moment passiert, also heißt es aufpassen. Ganz allgemein können Sie davon ausgehen, dass ein Vogel, der blitzt, in seinem Verhalten ungehemmt und unvorhersehbar ist. So sollten Sie sich besser zurückziehen und später wiederkommen, wenn der Vogel entspannter ist.

Körpersprache des Vogels deuten

Graupapageien und Timnehs können ein lautes Klickgeräusch hervorbringen. Es entsteht, indem sie der Unterschnabel gegen das Innere des Oberschnabels schnappen lassen und hört sich mechanisch an. Es ist ein eindeutiges Warnsignal des Vogels, wenn er ärgerlich ist und nicht will, dass man sich ihm nähert. Eine andere häufige Pose ist das Auffächern des Schwanzes. Aras, Amazonen und manche Kakadus machen dies gerne. Es be-

deutet, dass der Vogel einfach sehr aufgeregt ist, im negativen wie im positiven Sinne, also seien Sie vorsichtig. Amazonen und Aras stellen darüber hinaus ihre Flügel ab und zeigen die leuchtend roten oder gelben Federn des Flügelbugs. Kakadus stellen bei fast jedem Reiz ihre Haubenfedern auf. Das kann einfach nur „Hallo, hier ich bin " bedeu-

Oben: *Dieser Kakadu hat sich zu seiner vollen Größe aufgerichtet und zur Verstärkung noch seine Haubenfedern aufgestellt. Der Vogel ist sehr an etwas interessiert und die Wahrscheinlichkeit groß, dass er sich kooperativ zeigt.*
Links: *Achten Sie auf die abgestellten Flügel und das Blitzen bei diesem aufgeregten Gelbbrustara.*

ten oder es soll warnen: Der Vogel will kurz in Ruhe gelassen werden. Bei Kakadus bedeutet ein zischender Laut, dass er sich vor etwas fürchtet oder aggressiv ist, also achten Sie auf den Zusammenhang, wenn er zischt. Lehnt sich der Vogel an etwas an, gefällt ihm etwas, er ist interessiert, oder lehnt er von etwas ab und ist daher nervös?

Positive Verhaltenssignale bei Papageien gibt es viele und sie können variieren. Ein neuer Vogel wird Sie nach einem oder zwei Tagen erkennen und als Freund akzeptieren. Er zeigt dies durch eine übliche Grußhaltung. Dabei hebt der Vogel beide Flügel zusammen über dem Rücken an, als ob er sie strecken wollte.

Das ist die Art und Weise des Vogels, „Hallo" zu sagen und dass er weiß, wer Sie sind. Sie sollten jetzt antworten und ihn mit Namen begrüßen. Wenn Vögel in einer empfänglichen Stimmung sind und sich mitteilen möchten, plustern sie häufig das Gefieder im Gesicht direkt unterhalb des Schnabels auf, während alle anderen Federn anliegen. Außerdem sehen die Augen eingesunken aus und haben einen weichen Ausdruck, ganz anders als der starrende, ängstliche eines nervösen Vogels (siehe Seite 56).

Beachten Sie das teilweise geschlossene obere Augenlid und die leicht aufgeplusterten Gesichtsfedern bei diesem entspannten Graupapageien.

Leise Töne bei zutraulichen Vögeln

Papageien benutzen auch sehr leise Rufe, kaum zu hören, außer Sie sind dem Vogel ganz nahe. Diese Rufe ertönen, wenn der Vogel guter Dinge ist. Dies können Sie fördern, indem Sie mit sehr leiser Stimme ruhig mit dem Vogel sprechen. Alle einmal zahmen und an menschliche Gesellschaft gewöhnten Papageien mögen gerne am Kopf gekrault werden und viele fordern ihren Halter zu dieser „gegenseitigen Gefiederpflege“ auf. Dabei senken sie den Kopf und plustern Gesichts- und Kopffedern auf, das Auge wirkt entspannt, fast schläfrig und eingesunken. Fast alle Papageien geben rasselnde oder schnurrende Laute von sich, indem sie mit Ober- und Unterschnabel gegeneinander mahlen. Dies geschieht meist, wenn sie entspannt sind, aber nicht gestört werden wollen. Nähern Sie sich daher Ihrem Vogel mit Vorsicht, wenn Sie diese Laute hören.

Papageien zeigen eine Reihe von Ankündigungssignalen oder Intentionsbewegungen, wenn sie ein Verhalten ausführen möchten, aber noch unentschieden sind oder Selbstvertrauen fehlt. Dabei schaut der Vogel sehr aufmerksam drein und kratzt sich vielleicht am Kopf oder verlagert mehrmals sein Gewicht von einem Bein auf das andere. Vielleicht dreht er sich auch auf der Sitzstange um und setzt mehrmals zum Flug an, bewegt sich aber nicht von der Stange.

Die Kopffedern dieses Graupapageien sind aufgeplustert, während die weiter unten liegenden Federn flach anliegen. Der Vogel ist entspannt.

Den Vogel trainieren

Warum einen Papagei trainieren?

Damit ein Hauspapagei gut mit Menschen auskommt, müssen Vogelhalter und alle anderen, die mit ihm zu tun haben, gut mit ihm kommunizieren. Für eine stabile Beziehung zwischen Vogel und seiner „Menschenfamilie“ ist dies sehr wichtig. Der Sinn des Trainings von Heimvögeln ist es, eine gegenseitige Verständigungsgrundlage zu schaffen, genau sich wie ein Hundehalter gut mit seinem Hund verständigen können muss.

Papageien beobachten einen ganz genau, besonders Hände und Gesicht. Diesem Graupapagei wird neues Futter gezeigt, wobei der Halter so tut, als ob er das Futter selber essen will.

Das Training eines Papageis dauert in der Regel nicht sehr lange. Mit der richtigen Methode zeigen die ersten Versuche bereits nach wenigen Tagen schon Erfolg. Auch in welchem Alter mit dem Training begonnen wird, spielt keine Rolle. Obwohl es manchmal etwas einfacher ist, Jungvögel zu trainieren, kann man Papageien jedes Alters immer etwas Neues beibringen. Verläuft das Training erfolgreich, können Sie Ihren Vogel auffordern, verschiedene Dinge zu tun oder zu unterlassen. Das Befolgen von Kommandos ist bei Vögeln nie 100 % sicher und es wäre unrealistisch, dies zu erwarten. Doch folgen die meisten Papageien in der Mehrzahl der Fälle den Befehlen ihres Halters. Kennt ein Vogel einmal einige Kommandos, ist ein Zusammenleben mit ihm außerhalb des Käfigs wesentlich einfacher. Er kann einen Großteil der Zeit außerhalb des Käfigs mit Ihnen verbringen, da er weniger „Probleme“ draußen verursacht als ein nicht trainierter Vogel. Vögel müssen auf jeden Fall mehrere Stunden täglich außerhalb ihres Käfigs verbringen, um nicht durch zu langes Eingesperrtsein frustriert zu werden. Durch Training bleibt der Vogel zahm und es ist viel einfacher, neue Dinge vorzustellen, wie neues Spielzeug und anderes Futter. Meist ist das Training von Papageien einfach, nur bei nervösen Vögeln dauert es etwas länger. Nähere Angaben zur Arbeit mit nervösen Vögeln siehe Seite 62–63.

Zahmheit und Training

Zahmheit sollte nicht mit Training eines Vogels verwechselt werden. Ein Vogel, der auf die Hand steigt, wann immer er will, ist nicht unbedingt trainiert. Manche Vögel, die tatsächlich zahm und zutraulich, aber nicht trainiert sind, können ihren Haltern dadurch Probleme bereiten.

Die meisten Bücher, die sich mit Papageientraining beschäftigen, gehen davon aus, dass die Flügel des Vogels gestutzt sind. Die meisten Halter möchten dies aber lieber vermeiden. Deshalb geht das in diesem Buch beschriebene Training

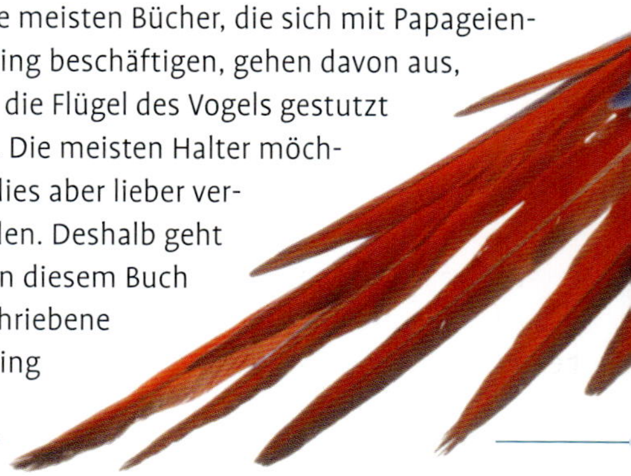

davon aus, dass Ihr Vogel keine gestutzten Flügel hat. Flügelstutzen kann mehr Probleme verursachen als lösen, wie dies auf den Seiten 108–111 besprochen wird.

***Links:** Es besteht kein Grund, einem Vogel die Flügel zu stutzen. Bringen Sie Ihrem Vogel stattdessen bestimmte Grundkommandos zum Fliegen bei.*

***Oben:** Futter mit der Hand anbieten kann der erste Schritt sein, das Vertrauen eines nervösen Vogels zu gewinnen.*

Anstelle dem Vogel die Flügel zu stutzen, um ihn unter Kontrolle zu halten, müssen ihm zusätzlich zu den Kommandos „Auf" und „Ab", um auf die Hand und wieder herunterzugehen, ein paar einfache Flugkommandos beigebracht werden. Die nachfolgenden Trainingsmethoden sind so gestaltet, dass sie Ihnen helfen, eine vertrauensvolle Beziehung zu Ihrem Vogel aufzubauen, indem Sie ihm Belohnungen anbieten, wenn er das Verhalten zeigt, das Sie regelmäßig bei ihm sehen möchten.

Auf keinen Fall sollte ein Papagei jemals für „schlechtes Verhalten" bestraft werden. Hat man die Verhaltensprinzipien einmal verstanden, wird klar, dass jede Strafe nur das Gegenteil bewirkt und mehr Probleme verursachen kann. Selbst unabsichtliches Bestrafen und Tadeln eines Vogels kann sich nachteilig auf ihn auswirken und sollte vermieden werden. Tatsächlich sind unerschrockene und sogar aggressive Vögel einfacher zu erziehen als nervöse. Obwohl solche Vögel manchmal beißen, ist diesem Problem gewöhnlich leicht durch belohnungsorientiertes Training beizukommen.

Nervöse Vögel

Wildfänge, die als „Haustiere" verkauft worden sind, können sehr nervös sein, wenn sie schlechte Erfahrungen mit Menschen gemacht haben. Ähnlich verhält es sich mit in Gefangenschaft gezüchteten Vögeln, die besonders vor der menschlichen Hand scheuen und daher nervös oder sogar ängstlich sein können. Dies kann sich noch verschlimmern, weil sie sich im Käfig „gefangen" fühlen. Nervöse Vögel brauchen einen sehr vorsichtigen, einfühlsamen Umgang, damit sie ihre Furcht verlieren und zahm werden können. Lange vor dem Versuch, einen nervösen Vogel auf die Hand steigen zu lassen, müssen Sie sich auf einen sanften Prozess der Vertrauensbildung einlassen, der mehrere Wochen dauern kann. Dabei werden dieselben Grundsätze der Belohnung erwünschten Verhaltens angewandt wie bei den üblichen Übungen, doch ist bei nervösen Vögeln nur ein sehr langsamer Fortschritt möglich. Angespannte Vögel sollten immer eine Sitzstange in ihrem Käfig haben, die sich *oberhalb* Augenhöhe befindet, wenn Sie neben dem Käfig stehen. Dies verringert die Furcht des Vogels vor Menschen.

Wilde Gelbhaubenkakadus. Fliegen ist eine angeborene Fluchthandlung des Vogels, wenn er erschrickt. Käfigvögel können nicht wegfliegen, daher fühlen sie sich gefangen und sind nervöser, wenn sie etwas ängstigt.

Zu Beginn des Zähmungsprozesses können Sie die folgenden Methoden ausprobieren. Setzen Sie sich unterhalb des Vogels hin, während er im Käfig ist, aber nicht so nahe, dass er Anzeichen von Furcht vor Ihnen zeigt. Am besten setzen Sie sich seitlich des Vogels hin und vermeiden direkten Blickkontakt mit ihm. Verbringen Sie ein paar Minuten in dieser Position mit ruhigen Aktivitäten wie Lesen oder Essen. Zeigen Sie dem Vogel, dass *Sie Ihr eigenes Futter essen*. Schauen Sie den Vogel zunächst nicht direkt an, dies könnte ihn aufregen. Nach einiger Zeit setzen Sie sich dichter an den Vogel heran, vorausgesetzt, es löst keine Furcht bei ihm aus.

Für Papageien ist die Nahrungsaufnahmen eine soziale Aktivität: Wenn ein Vogel einen anderen oder einen Menschen dabei sieht, wirkt dies beruhigend auf ihn. Mit der Zeit gewöhnt sich der Vogel an die Übungen und frisst entweder sein eigenes Futter oder zeigt Interesse an Ihrem Essen. An diesem Punkt können Sie dem Vogel ein winziges Stückchen seines Lieblingsfutters durch die Gitterstäbe anbieten. Später dann mit zunehmendem Vertrauen des Vogels, können Sie die Käfigtür öffnen und versuchen, ihm einen Futterleckerbissen direkt anzubieten, während er noch im Käfig ist. Legen Sie das Futterstückchen genau unter seinen Schnabel, vorausgesetzt, er macht den Eindruck, dass er dies akzeptiert. Später können Sie versuchen, die Käfigtür offen zu lassen und dem Vogel

1 *Dieser Vogel hat beschlossen, von seinem Käfig herunterzukommen, um seinen Betreuer zu inspizieren. Sein Vertrauen nimmt zu.*

2 *Belohnen Sie dieses Verhalten sofort durch Anbieten einer Futterbelohnung und sprechen Sie leise mit ihm, um ihn zu ermuntern.*

3 *Später hat der Vogel ausreichend Vertrauen, um sich dem Betreuer bei geöffneter Käfigtür zu nähern.*

4 *Wieder wird eine wohlverdiente Belohnung geben. Dieser Vogel ist auf dem besten Weg, seinem Betreuer zu vertrauen.*

einen Leckerbissen anzubieten, nachdem er herausgekommen ist oder sich zumindest in Richtung Käfigtür bewegt hat.

Um ihn zur Umkehr zu bewegen, zeigen Sie ihm, wenn er umkehrt, ganz deutlich, dass Sie einen Leckerbissen in seinen Napf gelegt haben.

Ermutigen Sie den Vogel mit leiser Stimme, wenn er versucht, das Richtige zu tun. Denken Sie immer daran: *Der Papagei* bestimmt das Tempo. Nimmt der Vogel Leckerbissen aus Ihrer Hand, können Sie beginnen, ihm „förmlichere" Kommandos beizubringen.

Mit dem Training beginnen

Entfernen Sie alle großen Spiegel oder drehen Sie sie um, damit der Vogel nicht durch Reflektionen verwirrt wird.

In diesem Kapitel werden wir die bisher erörterten Grundlagen der Angewandten Verhaltenforschung in die Praxis umsetzen. Die meisten Vögel können im selben Zimmer trainiert werden, in dem ihr Käfig steht. Bei einem Vogel, der im Käfig oder in seiner Nähe aggressiv wird, ist es besser, die ersten Übungen nicht bei seinem Käfig zu machen, sondern lieber in einem anderen Zimmer. Nervöse Vögel dagegen sollten *immer* in der Nähe ihres

Zwei ziemlich eng zueinander gestellte Stühle sind alles, was Sie als Sitzstangen für die ersten Übungen brauchen. Der Vogel sollte sie leicht umfassen können.

Käfigs trainiert werden, weil es ihnen hilft, in Ihrer Gesellschaft gelassener zu sein.

Benutzt man ein spezielles Übungszimmer, sollte es möglichst klein sein – ein Gästezimmer ist häufig ideal. Das Zimmer sollte Teppichboden haben und mit ein paar Stühlen sparsam möbliert sein, weil sie diese als Sitzstangen für den Vogel brauchen werden. Große Fensterscheiben sollten mit Vorhängen oder Stores verdeckt werden, damit der Vogel nicht gegen die Scheibe fliegt. Im Zimmer sollten sich kein Deckenventilator oder Spiegel befinden. Achten Sie darauf, dass es keine Landeplätze für den Vogel gibt, die sich über Ihrer Brusthöhe befinden. Entfernen Sie Bilder oder Dekorationen, bevor Sie den Vogel in dieses Zimmer lassen und halten Sie während der Übungen die Tür geschlossen.

Die ersten Kommandos

Alle Vögel sollten diese ersten drei Kommandos befolgen:

1 „Auf" (heißt: steige jetzt auf meine Hand).
2 „Ab" (heißt: geh jetzt von meiner Hand herunter).
3 „Bleib" (heißt: komm jetzt nicht zu mir).

Sofern Ihr Vogel fliegen kann, sollte er auch die folgenden Kommandos lernen:

4 „Bleib" (heißt: *fliege* nicht zu mir, nicht jetzt).
5 „Geh" (heißt: verlasse mich, indem du weg*fliegst*).
6 „Weg da" (heißt: verlasse eine „verbotene Sitzstange", indem du weg*fliegst*).
7 „Hierher" (heißt: *flieg* zu mir).

Kommandos lehren durch Belohnungen

Damit der Vogel leicht lernt, ist es wichtig, immer ruhig und gelassen zu bleiben, sodass Sie erscheinen als könne Sie nichts tangieren, egal was auch während des Trainings passiert. Der Vogel registriert Ihre Ruhe und Zuversicht, auch wenn sie nur vorgetäuscht sind, und dies ist an sich schon eine große Hilfe bei der Arbeit mit jedem Vogel. Wie in dem Kapitel über Verhalten erörtert, ist Verwendung einer Belohnung der Schlüssel zu einem erfolgreichen Training. Bevor Sie damit beginnen, sollten Sie genau wissen, womit Sie das richtige Verhalten Ihres Vogels belohnen. Es muss etwas sein, von dem Sie wissen, dass Ihr Vogel es sehr gern mag. Vielleicht mit unterschiedlichen Futterstücken experimentieren, um herauszufinden, welches Leckerchen Ihr Vogel wirklich bevorzugt. Während manche sehr gut für ein Leckerchen arbeiten, möchten andere Vögel lieber am Kopf gekrault werden oder ihr Lieblingsspielzeug haben. Um die Motivation des Vogels zu steigern, verwehrt man an den Trainingstagen am besten den Zugang zu den Belohnungen. Bei den Übungen erhält der Vogel nur dann Belohnungen, wenn er sie sich tatsächlich *verdient* hat. Geben Sie sie nicht wahllos, sonst hätte der Vogel keinen Anreiz mehr zur Mitarbeit.

Manche Papageien sind leicht durch ein Lieblingsspielzeug zu motivieren. Dieser Gelbbugpapagei findet einen kleinen Ball unwiderstehlich.

Ihre Hand sollte die Sitzstange Ihres Vogels sein, wenn er bei Ihnen ist. Halten Sie Ihre Finger gerade und nehmen Sie den Daumen weg während der Vogel Ihnen zugewandt ist.

So hält man keinen Vogel! Hier steht der Daumen nach oben und provoziert den Vogel. Diese Handhaltung sollte man vermeiden.

Erste Kommandos

Vor jedem Training sollte der Vogel ruhig und aufnahmefähig sein. Zu Beginn sollte er bei geschlossener Zimmertür auf einer Stuhllehne sitzen. Nähern Sie sich dem Vogel und versuchen Sie, Blickkontakt herzustellen, indem Sie seinen Namen sagen. Machen Sie den Vogel aufmerksam, bevor Sie mit ihm arbeiten. Zeigen Sie ihm die Belohnung und führen Sie diese ein paar Mal an Ihren Mund, um das Interesse des Vogels zu wecken. Mit der Belohnung in der einen Hand bieten Sie die andere Hand als Sitzstange für den Vogel zum Draufklettern an. Als nächstes halten Sie die „Aufsteigehand" etwas höher als die Füße des Vogels und führen sie ruhig an den Vogel heran. Behalten Sie nach Möglichkeit den Blickkontakt bei, um die Aufmerksamkeit des Vogels zu halten. Alle Finger der Aufsteigehand sollten gerade gehalten werden und der Daumen nach unten weisen. Gehen Sie mit dieser Hand so dicht an den Vogel heran, dass sie beinahe die Füße des Vogels berührt und sagen Sie „Auf". Sie können den Vogel mit dem Zeigefinger leicht am Bauch berühren. Die meisten Vögel werden nach ein paar Versuchen auf Ihren Finger steigen. In diesem Fall loben Sie den Vogel und fordern Sie ihn nach wenigen *Sekunden* auf, „Ab" zu steigen.

Setzen Sie ihn an denselben Platz zurück, wo er aufgestiegen ist und geben Sie ihm sofort seine Belohnung. Gehen Sie beim Absetzen dicht an die Sitzstange heran, sodass der Vogel ihr zugewandt ist und sagen „Ab". Dabei können Sie die Brust des Vogels die Stange berühren lassen. Vögel klettern lieber *aufwärts*, als auf eine Sitzstange *herab*.

Immer mit der Ruhe

Werden Sie während des Trainings vom Vogel gebissen, zeigen Sie möglichst keine Reaktion. Vor allem sollten Sie nichts sagen. Bleiben Sie so ruhig wie möglich und wiederholen Sie einfach Ihr Kommando *mit ruhiger Stimme*. Fliegt der Vogel auf den Boden, jagen Sie ihn nicht. Geben Sie ihm etwas Zeit, sich zu beruhigen, knien Sie neben ihn und halten Sie Ihre Hand gerade oberhalb seiner Füße und wiederholen Sie das Kommando „Auf", während Sie ihm in der anderen Hand seine Belohnung zeigen. Viele Vögel steigen sehr schnell vom Boden auf. Klettert der Vogel auf Ihre Hand, loben Sie ihn und

1 *Zeigen Sie dem Vogel die Belohnung, die er sich verdienen kann. Das muss etwas sein, was der Vogel bereits sehr mag.*

4 *Das Kommando „Ab". Es ist hilfreich, mit der anderen Hand auf die betreffende Sitzstange zu zeigen oder sie zu berühren.*

2 *Papageien beobachten Gesicht und Hände sehr aufmerksam. Führen Sie die Belohnung an Ihren Mund, um das Interesse des Vogels zu wecken.*

3 *Beim Kommando „Auf“ sollte Ihre Hand dicht am Vogel und der Daumen nach innen gerichtet sein.*

5 *Hier verlässt der Vogel gerade die Hand. Sobald er sicher auf der Stange sitzt, wird er sich umdrehen und sich Ihnen zuwenden.*

6 *Geben Sie die Belohnungen für beide Kommandos sofort und lassen Sie dem Vogel viel Zeit, sie zu fressen.*

setzen Sie ihn auf der Sitzstange ab, wo Sie begonnen haben und geben Sie ihm seine Belohnung.

Lassen Sie dem Vogel viel Zeit, seine Futterbelohnung zu fressen und ermuntern Sie ihn dabei. Häufig hilft es, wenn Sie selbst etwas essen – wenn der Vogel Sie essen sieht, regt ihn dies auch zum Fressen an.

Haben Sie all dies in der ersten Übungsstunde erreicht, ist ein guter Grundstein gelegt. Jede Übung sollte in positiver Stimmung beendet werden. Die Übungen sollten ziemlich kurz sein, drei bis fünf Minuten genügen. Am ersten Tag machen Sie vielleicht nur eine Übung, an den folgenden Tagen zwei oder drei. Erscheint der Vogel während einer Übung aufgeregt, *brechen Sie sie sofort ab* und geben ihm Zeit, sich zu beruhigen.

Tipps zu den Kommandos „Auf“ und „Ab“

1 *Dieser Graupapagei wird in mehr oder weniger derselben Weise aufgefordert, auf einen Stock zu klettern wie auf Ihre Hand.*

2 *Hier berührt der Trainer die „Ab“-Sitzstange mit der anderen Hand als Hinweis für den Vogel, von ihm wegzugehen.*

3 *Bringt man den Vogel zu einer „Ab“-Sitzstange, hält man den Stock knapp unterhalb Stangenhöhe.*

Haben Sie hohe Decken oder gibt es Stellen, an denen Sie Ihren Vogel nicht mehr erreichen, ist es sinnvoll, ihn zu trainieren, einen Stock, den Sie in der Hand halten, als Auf- oder Abstieg zu benutzen. Dies ist auch bei Vögeln, die Angst vor der Hand haben oder in die Hand beißen, sehr empfehlenswert. Der Stock sollte der Sitzstange im Käfig ähneln und dünn genug sein, dass der Vogel ihn leicht mit den Zehen umgreifen kann. Als Sitzstange sollte der Stock dem Vogel knapp oberhalb seiner Füße präsentiert und niemals gegen ihn gerichtet werden. Geben Sie das Kommando „Auf“, während Sie den Stock hinhalten. Setzen Sie dann den Vogel wieder ab und belohnen ihn sofort.

Die meisten Vögel lernen den Auf- oder Abstieg von der Hand oder einem Stock sehr schnell, auch wenn es anfangs etwas dauert. Sobald der Vogel

Geben Sie Ihre Belohnung immer sofort, sonst kann der Vogel die Verknüpfung zwischen der Handlung, die Sie ihm beibringen und der Belohnung hierfür nicht herstellen.

Dieser Amazone, die bereits sehr gut beim Auf- und Abstieg auf und von der Hand ist, wird beigebracht, von einer Hand auf die andere zu steigen. Beachten Sie, dass die „Aufstiegshand“ immer etwas höher gehalten wird als die „Abstiegshand“, da es Vögeln leichter fällt, auf eine Sitzstange aufwärts zu steigen als auf eine niedrigere Stange abwärts.

weiß, dass er für das Befolgen Ihrer Kommandos eine reizvolle Belohnung erhält, wird er schnell mitarbeiten. Bei regelmäßigem Training können Sie sich bald über gute Fortschritte freuen. Loben Sie gutes Verhalten immer mit Begeisterung in der Stimme, während Sie gleichzeitig eine Belohnung geben. Bald werden Sie und Ihr Vogel gut zusammenarbeiten und vieles wird wie von selbst gehen. Aber überstürzen Sie nichts, üben Sie in einem Tempo, das der Vogel als angenehm empfindet.

Beherrscht Ihr Vogel diese ersten Kommandos, verwenden Sie sie nicht nur während der Übungsstunden, sondern jedes Mal, wenn er auf Kommando auf die Hand steigen oder von ihr herunter soll. Jeder andere, der auch mit dem Vogel arbeitet, sollte genau die gleichen Worte und Handbewegungen für die Kommandos verwenden, damit der Vogel nicht durcheinander kommt. Hatten Sie bisher einen Übungsraum benutzt, können Sie, sobald der Vogel die dort gelernten Kommandos, zumindest „Auf“ und „Ab“, beherrscht, diese Übungen in dem Zimmer durchführen, wo der Käfig steht.

Bindung zum Trainer aufbauen

Es ist sinnvoll, einen Vogel daran zu gewöhnen, von einer Hand auf die andere zu steigen. Dabei wird wieder das Kommando „Auf“ verwendet.

Nach Möglichkeit sollte ein Vogel gar nicht erst die Angewohnheit annehmen, Ihren Arm zur Schulter hoch zu laufen. Vögel, die immer auf der Schulter sitzen, verweigern sich unter Umständen dem Training. Beharren Sie daher darauf, dass der Vogel, wenn er bei Ihnen ist, auf der Hand sitzend herumgetragen wird, wie er es in den Übungen gelernt hat.

Im Laufe des Trainings bauen die meisten Vögel eine Bindung zu ihrem Trainer auf, wenn sie die Kommandos befolgen und für ihre Mitarbeit belohnt werden. Wenn dies eintritt, bedeutet dies einen großen Fortschritt und der Grundstein für die zwischen Ihnen und Ihrem Vogel so wichtige Kommunikation ist gelegt. Hat der Vogel den Auf- und Abstieg von Ihrer Hand einmal gelernt, können Sie ihm weitere Kommandos wie im Folgenden beibringen.

Das Kommando „Bleib"

Kann Ihr Vogel gut auf die Hand oder von der Hand steigen, brauchen Sie eigentlich kein Übungszimmer mehr für die nächsten Kommandos. Sie können diese in dem Zimmer, wo auch der Käfig ist, üben. Das Kommando „Bleib" bringen Sie dem Vogel ganz zwanglos bei, wenn er außerhalb des Käfigs bei Ihnen ist. Wie bei den vorhergehenden Kommandos ist es auch hier sehr wichtig, den Vogel zu belohnen, wenn er versucht, das Richtige zu tun. Dem Vogel „Bleib" beizubringen bedeutet lediglich, ihm mitzuteilen, dass er *nicht zu Ihnen kommen* kann, wenn Sie beispielsweise ohne ihn aus dem Zimmer gehen wollen.

Das Kommando „Bleib" bedeutet nicht, dass der Vogel einfach „bleiben soll, wo er gerade ist", sondern dass er im Moment *nicht zu Ihnen kommen* soll. Papageien sollten immer zur Aktivität ermuntert, nicht aber gezwungen werden, lange Zeit an einem Fleck zu verharren. Dies kann zu schweren Verhaltensstörungen führen, wie bei manchen Vögeln, die trainiert sind, immer auf einem Ständer zu sitzen. Damit der Vogel nicht zu Ihnen kommt, während er vielleicht gerade auf Sie zuläuft, versuchen Sie, Blickkontakt herzustellen und heben eine Hand hoch, mit der Handfläche zum Vogel zugewandt, und sagen Sie „Bleib". Diese Bewegung bewirkt bei den meisten Vögeln, dass sie in ihrer Bewegung innehalten. Loben und belohnen Sie den Vogel, wenn er anhält.

Diese Geste fordert den Vogel auf, sich dem Trainer nicht zu nähern. Beachten Sie die Belohnung dafür, wenn der Vogel bleibt.

Geben Sie sofort wieder Ihre Belohnung für richtiges Verhalten und treten Sie zurück, während der Vogel sie genießt.

„Bleib", Flieg nicht zu mir

Trainierte Vögel möchten oft zu Ihnen fliegen und auf Ihnen landen. In den meisten Fällen ist dies auch in Ordnung, aber manchmal möchten Sie nicht, dass der Vogel zu Ihnen kommt, weil Sie vielleicht ohne ihn aus dem Zimmer gehen wollen. Dann können Sie das Kommando „Bleib" und die entsprechende Handbewegung verwenden, um zu verhindern, dass der Vogel zu Ihnen fliegt. Folgt der Vogel nicht, halten Sie Ihre Hand hoch und sagen Sie nochmals „Bleib", während Sie seine Landung verhindern, indem Sie Ihre erhobene Hand als Barriere zwischen sich und den Vogel nutzen. Sie können diese Geste auch mit beiden Händen machen. Der Vogel wird bald lernen, umzudrehen und woanders zu landen. Tut er dies, loben und belohnen Sie ihn sofort, gehen dann aus dem Zimmer und schließen die Tür, während Sie darauf achten, dass der Vogel nicht versucht, Ihnen zu folgen.

„Bleib" ist ein sehr wichtiges Kommando und hilft dem Vogel zu verstehen, wann er zu Ihnen kommen darf und wann nicht. Kontrollieren Sie immer, wenn Sie ein Zimmer verlassen und der Vogel nicht im Käfig ist, was er tut, besonders wenn Sie durch die Tür gehen. Trainierte Vögel versuchen oft zu folgen. Arbeiten Sie mit dem Kommando „Bleib", wenn Sie die Tür hinter sich schließen, damit der Vogel nicht dagegen fliegt. „Bleib" kann auch ganz nützlich sein, um einen Vogel davon abzuhalten, an einen Ort zu fliegen, der zum Landen ungeeignet oder zu gefährlich ist.

***Oben rechts:** Verwenden Sie dieselbe Geste, wenn ein Vogel auf Sie zufliegt und Sie nicht möchten, dass er auf Ihnen landet.*
***Unten rechts:** Sie brauchen vielleicht beide Hände, damit der Vogel nicht auf Ihnen landet.*

Dieser Timneh-Graupapagei genießt ein Kopfkraulen als Belohnung während der Übungsstunden.

Erste Flugkommandos

Die folgenden Informationen über die Flugkommandos werden Sie in keinem anderen Papageienbuch finden. Da Vögel aber fliegen und hierzu auch ermuntert werden sollten, ist es wichtig, Papageien diese Kommandos beizubringen. Der Vogel sollte dazu bereits einigermaßen gut fliegen und relativ kontrolliert landen können. Fliegt er nicht besonders gut, weil vielleicht seine Hauptflugfedern nach vorangegangenem Flügelstutzen noch nachwachsen, warten Sie, bis er besser fliegen kann, bevor er diese Kommandos lernt.

„Geh“, Flieg weg von mir

Mit diesem Kommando fordern Sie den Vogel auf, von Ihnen wegzufliegen und an einem anderen, vertrauten Platz zu landen. Bringen Sie ihm dieses Kommando bei, indem Sie mit dem Vogel auf Ihrer Hand rund einen Meter entfernt von seinem Käfig oder einem anderen Platz, an dem der Vogel gewöhnlich sitzt, stehen. Halten Sie an der Stelle, zu welcher der Vogel fliegen soll, gut sichtbar eine Belohnung bereit. Normalerweise sollte der auf Ihrer Hand sitzende Vogel Ihnen zugewandt sein, sodass Sie mit ihm Blickkontakt halten und seine Körpersprache deuten können. Für dieses Kommando „Geh“ drehen Sie jedoch die Hand nach außen, sodass der Vogel *von Ihnen weg und in Richtung der vertrauten Sitzstange gewandt ist*. Zeigen Sie dabei gleichzeitig mit der anderen, etwas niedriger gehaltenen Hand auf den Platz, zu dem der Vogel fliegen soll, geben das Kommando „Geh, geh“ und schwenken Sie die Hand mit dem Vogel behutsam, aber bestimmt in die Richtung der Stelle, wo sich die Belohnung befindet. Der Vogel sollte jetzt von Ihnen wegfliegen und oben auf dem Käfig/der Sitzstange landen. Sobald er dies tut, *loben Sie ihn, während er seine Belohnung aufnimmt*. Sobald er dann gerne aus dieser kurzen Distanz fliegt, können Sie die Entfernung zum Landeplatz allmählich vergrößern.

Üben Sie später auf die gleiche Weise an anderen Orten, bis der Vogel auf Kommando von Ihnen wegfliegt, ganz egal wo Sie sind. Fliegt er auf „Geh“ von Ihnen weg und versucht, wieder zu Ihnen zurückzukommen und auf Ihnen zu landen, können Sie dies mit dem Kommando „Bleib“ verhindern. Beim Kommando „Geh“ soll der Vogel von Ihnen

1 2 3 4

1 Normalerweise sollte ein Vogel Ihnen zugewandt auf der Hand sitzen. Gibt man ihm jedoch das Kommando „Geh“, drehen Sie Ihre Hand **2***, sodass der Vogel von Ihnen abgewandt sitzt. Zeigen Sie dann mit der anderen Hand* **3** *in die Richtung, in die der Vogel fliegen soll und geben Sie das Kommando „Geh, geh“. Der Vogel sollte zu dem betreffenden Sitzplatz* **4** *fliegen und sofort seine Belohnung erhalten.*

Ein Papagei sollte nach seiner Landung nicht auf Ihrer Schulter sitzen bleiben, weil Sie ohne Blickkontakt weder seine Körpersprache deuten noch sein Verhalten absehen können. Dieser Vogel erhält das Kommando zum Wegfliegen.

Der Vogel sollte zu einem anderen geeigneten Sitzplatz wegfliegen und nicht mehr zum Trainer zurückkommen.

Auf der Schulter sitzende Vögel können in einem Augenblick von Übererregung schwere Gesichtsverletzungen verursachen.

Der Trainer sagt „Geh, geh" und zieht seine Schulter in die Richtung hoch, in die der Vogel fliegen soll. Versucht der Papagei nach dem Wegfliegen wieder zu Ihnen zurückzukommen, verwenden Sie das Kommando „Bleib", um ihn von einer Landung auf Ihnen abzuhalten.

wegfliegen, sich an einer anderen Stelle niederlassen und nicht zurückkommen.

Hat der Vogel gelernt, auf Kommando von Ihrer Hand wegzufliegen, können Sie dasselbe zum Wegfliegen von Ihrer Schulter verwenden. Sagen Sie einfach „Geh, geh" und ziehen Sie Ihre Schulter abrupt nach oben und drehen sie in Richtung eines vertrauten Sitzplatzes. Will der Vogel gleich nach dem Kommando „Geh" wieder zu Ihnen zurück, verwenden Sie „Bleib", um ihn von der Landung abzuhalten.

Sobald sich der Vogel an diese, anfänglich an vertrauten Plätzen erteilten Kommandos gewöhnt hat, können Sie ihn an jedem Ort, an dem Sie sich befinden, wegschicken. Wichtig ist nur, dass das Kommando an Plätzen erlernt wird, die dem Vogel vertraut sind.

Die Übungen sollten sehr kurz sein. Zu Beginn genügen ein oder zwei Versuche, bis der Vogel das Kommando befolgt, dann versuchen Sie es an anderen Orten.

Weitere Flugkommandos

„Weg da!“

„Weg da“, Flieg an den erlaubten Platz

Dieses Kommando wird hauptsächlich als „Sicherheitskommando“ benutzt, damit der Vogel einen Ort verlässt, der für ihn gefährlich werden könnte, wie beispielsweise Fernsehgerät, Lampe oder eine hohe Sitzgelegenheit, wie die Türoberkante, Gardinenstange oder der Kopf eines Menschen. Dies ist manchen Vögeln zwar nicht so leicht beizubringen, aber sehr nützlich, um ihnen den Unterschied zwischen erlaubten und verbotenen Landeplätzen klar zu machen. Gleichzeitig ermöglicht es dem Vogel einen sicheren Flug im Haus.

Landet der Vogel doch einmal an einem ungeeigneten Platz, gehen Sie zu ihm und stellen Sie Blickkontakt her, indem Sie ihn beim Namen rufen. Gestikulieren Sie mit einer oder beiden Händen in einer ihm unbekannten Bewegung, während Sie „Weg da“ sagen. Sie können auch mit einem unbekannten, aber harmlosen Gegenstand in der Nähe des Vogels wedeln, zum Beispiel einem Taschentuch. Der Vogel sollte diesen Ort verlassen und zu einem anderen bekannten Platz fliegen, wie einem Stuhl, dem Käfig oder einem Ständer. Erlauben Sie dem Vogel nicht, zu Ihnen zu fliegen und auf Ihnen zu landen, wenn er von einem verbotenen Platz wegfliegt. Es sollte stattdessen an einem sicheren Platz landen. Tut er dies, loben und belohnen Sie ihn wie gehabt, aber nicht übertrieben. Fällt das Lob zu stark aus, ermuntern Sie unter Umständen den Vogel dazu, zu einem verbotenen Platz fliegen, nur um belohnt zu werden, nachdem Sie ihn zum Wegfliegen aufgefordert hatten!

Unten links: *Papageien landen manchmal an ungeeigneten oder unsicheren Plätzen, wie dieser Graupapagei auf einer Topfpflanze.*
Unten Mitte: *Er wird zum Wegfliegen aufgefordert und soll sich einen geeigneten Sitzplatz suchen. Erteilen Sie das Kommando ganz ruhig, um den Vogel nicht unnötig aufzuregen.*
Rechts: *Ein geschwenktes Taschentuch verstärkt das Kommando. Loben Sie den Vogel, wenn er an einer geeigneten Stelle landet.*

Dieser Timneh-Graupapagei wird aufgefordert, zum Trainer zu fliegen. Die Motivation des Vogels wird durch eine sehr verlockende Belohnung in der anderen Hand des Trainers gesteigert. Der Vogel erhält die Belohnung unmittelbar bei Landung auf der dargebotenen Hand.

Das Training dieses Kommandos kann nicht genau geplant werden. Sie werden damit beginnen müssen, sobald Ihr Vogel an einem unsicheren oder verbotenen Platz landet. Jedes Familienmitglied sollte sich beim Umgang mit dem Vogel konsequent daran halten, was erlaubte und verbotene Plätze für den Vogel sind, sonst weiß er nicht, wohin er fliegen darf und wohin nicht.

„Hierher", Flieg zu mir

Dies ist ein Abrufkommando, bei dem der Vogel auf Kommando zu Ihnen fliegen soll. Wenn Sie Ihrem Vogel die zuvor beschriebenen Kommandos beigebracht haben, wird er inzwischen wahrscheinlich eine gute Bindung zu Ihnen aufgebaut haben. Die meisten trainierten Vögel möchten mit Ihrem Trainer zusammen sein, die meiste Zeit auf seiner Hand. Sie können diesen Wunsch mit dem verbalen Kommando „Hierher" noch verstärken, indem Sie ihn jedes Mal sofort belohnen, wenn er bereits auf dem Flug zu Ihnen ist. Am besten fängt man damit an, ihn nur zu einem kurzen Flug aufzufordern, ungefähr aus einem Meter Entfernung. Jedes Mal, wenn der Vogel zum Flug zu Ihnen ansetzt, strecken Sie Ihren Arm aus, sagen „Hierher" und bieten ihm eine Belohnung aus Ihrer Hand an, die er gut erkennen kann. Geben Sie ihm ein Lieblingsleckerchen oder -spielzeug bei der Landung und verbinden Sie dies mit begeistertem Lob und kraulen Sie seinen Kopf, falls er dies sehr mag. Lassen Sie dem Vogel immer viel Zeit zum Fressen seiner Futterbelohnung.

Zwanglose Kommandos

Wenn Sie Ihrem Vogel einen bekannten Gegenstand oder ein Leckerchen geben möchten, halten Sie diese nicht über den Kopf des Tieres. Papageien sind sehr auf der Hut vor Händen, die über ihren Kopf gehalten werden und können sich erschrecken. Bieten Sie ihm den Gegenstand auf Schnabelhöhe oder etwas darunter an. Nennen Sie dabei den Gegenstand beim Namen. So lernen viele Vögel, diesen korrekt mit dem Gegenstand zu verknüpfen. Immer, wenn Sie dem Vogel einen Gegenstand anbieten, können Sie sagen „Nimm das“ oder „Nimm das Spielzeug“ oder „Nimm die Nuss“, je nachdem. Vorsicht bei unbekannten Gegenständen. Lassen Sie den Vogel immer zusehen, wie Sie damit umgehen und – ganz wichtig – führen Sie ihn mehrmals zum eigenen Mund, bevor Sie den Vogel auffordern, ihn aufzunehmen. Es sagt ihm, dass der Gegenstand sicher ist und wird ihn eher von Ihnen annehmen. Auch ein gesprochener Satz beim Anbieten des Gegenstandes sagt dem Vogel, dass Sie es gerne hätten, wenn er ihn von Ihnen nimmt. Sehen Sie dieses Kommando eher locker, denn es macht nichts, wenn der Vogel einen Gegenstand von Ihnen nicht nehmen möchte, es ist seine Entscheidung.

Dieser Goldbugpapagei wird aufgefordert, ein neues Spielzeug anzunehmen. Zuerst geht aber der Trainer damit um und führt es an seinen Mund, bevor er es dem Vogel anbietet.

Konfrontationen vermeiden

Nimmt der Vogel einen für ihn ungeeigneten oder gefährlichen Gegenstand auf und Sie versuchen, ihn mit Gewalt zu wegzunehmen, ist die natürliche Reaktion des Vogels, ihn noch mehr festzuhalten, darauf herumzubeißen oder mit ihm davonzufliegen. In dieser „Notfallsituation“ können Sie dem Vogel schnell entweder etwas anderes anbieten und sagen „Nimm das“ (siehe oben) oder den Vogel auffordern, seinen Griff um den Gegenstand zu lockern, indem Sie sagen „Lass fallen“, während Sie daneben stehen. Im letzteren Fall lassen Sie Ihre Hände solange aus dem Spiel, bis der Gegenstand fallengelassen wurde. Loben und belohnen Sie den Vogel für seinen Gehorsam. Dem Vogel diese Kommandos beizubringen und sie nach Bedarf einzusetzen ist weitaus weniger Streit provozierend, als zu versuchen, einen Gegenstand aus seinem Schnabel zu nehmen.

Bei der Arbeit mit Papageien geht man Konfrontationen am besten ganz aus dem Weg. Energischer Umgang mit Sprache oder aufgeregtes Gefuchtel führen nur dazu, dass der Vogel noch aufgeregter wird und eine Situation unweigerlich verschlimmert. Am besten vermeidet man auch das Wort „Nein". Viele Menschen benutzen dieses Wort zu häufig und zu harsch und seine Wirkung bleibt bald aus. Ist Ihr Vogel nicht im Käfig, müssen Sie sich ihm gegenüber immer aufmerksam verhalten. Wenn er *gerade im Begriff ist*, Unfug anzustellen, können Sie dies oft noch kontrollieren, indem Sie einfach in einem ruhigen Ton den Namen des Vogels sagen und vielleicht noch hinzufügen „Pass auf", während Sie in Blickkontakt mit ihm stehen. Dies zeigt ihm, dass Sie wissen, was er vorhat und Sie dies nicht möchten. Ihre ruhige Stimme und der Augenkontakt wird häufig die unerwünschte Handlung abwenden, ohne dass sich der Vogel übermäßig aufregt.

Dieser Goldbugpapagei hat sich eine Porzellantasse geholt. Man ist besser auf der Hut und vermeidet solche Situation von vornherein.

„Zwischen Schnabel und Kelches Rand schwebt der finstern Mächte Hand!"

Dieser Vogel hat sich einen Kugelschreiber gegriffen. Unbeaufsichtigt könnte er eine Riesensauerei anrichten, mit Tinte überall auf seinen Gefieder und der Kugelschreiber wäre auch kaputt.

Hat Ihr Vogel etwas genommen, das er nicht haben soll, sagen Sie ihm ganz ruhig „Lass fallen" und loben Sie ihn, wenn er es tut. Versuchen Sie nicht, ihm den Gegenstand mit der Hand wegzunehmen – der Vogel wird ihn nur noch mehr festhalten.

Mehr Trainigstipps

Manchmal werden Papageien vom Trainer unter Zwang auf der Hand gehalten, indem er die Zehen des Vogels mit seinem Daumen festhält. Versucht ein Papagei zu fliegen, während er an den Füßen gehalten wird, kann dies bei ihm zu schmerzhaften Verrenkungen der Zehen oder Gelenke führen. Selbst ein trainierter Vogel fliegt gelegentlich von Ihnen weg, ohne dazu aufgefordert worden zu sein. Man sollte den Vogel dann einfach ein paar Minuten später wieder zum „Auf"steigen auffordern.

Es gibt zwei Möglichkeiten, einen Vogel sicher zurückzuhalten, zum Beispiel wenn Sie ihn untersuchen müssen. Mit der ersten Methode fordern Sie den Vogel mit „Ab" dazu auf, auf Ihre Brust zu steigen. Lassen Sie hierzu den Vogel wie immer auf Ihrer Hand und Ihnen zugewandt sitzen, legen jedoch die andere Hand auf den Rücken des Vogels, während Sie sagen „Runter". Dabei drücken Sie den Vogel leicht an Ihre Brust und ziehen die Hand, auf der er saß, langsam weg. Der Vogel hält sich nun an Ihrer Kleidung fest, während er Ihre Hand loslässt. Belohnen Sie ihn mit sanftem Kopfkraulen. Sie können dann zu einem vertrauten Sitzplatz oder dem Käfig gehen und den Vogel absetzen, indem Sie sagen „Ab" während Sie ihn loslassen und belohnen. Am besten übt man dieses Kommando immer wieder und setzt den Vogel an verschiedenen, vertrauten Plätzen ab, bevor man ihn zum Käfig zurück bringt. Dann verknüpft er das Kommando nicht mit der Rückkehr in den Käfig und es kann leichter dazu genutzt werden, den Vogel notfalls auch einmal schnell in den Käfig zu setzen.

Bei der zweiten Methode kommt ein Handtuch zum Einsatz. Dieses „Einpacken" des Vogels darf nicht mit dem gewaltsamen Einwickeln in ein Handtuch verwechselt werden, bei dem er außer Gefecht gesetzt werden soll. Solches Einpacken unter Zwang ist grundsätzlich abzulehnen. Dagegen ist durchaus sinnvoll, einen Vogel daran zu gewöhnen, sich sanft in einem Handtuch halten zu lassen, um beispielsweise eine tierärztliche Untersuchung zu erleichtern. Hat der Vogel die zuvor beschriebenen Kommandos gelernt, können Sie mit ihm das Festgehaltenwerden üben.

Das Zurückhalten auf der Brust mit dem Befehl „Ab" **1** *Halten Sie den Vogel auf der Hand, wie immer Ihnen zugewandt, bringen Sie ihn dann* **2** *an Ihre Brust,* **3** *während Sie die andere Hand auf seinen Rücken legen. Belohnen Sie den Vogel, z. B. mit sanftem Kopfkraulen,* **4** *und lassen Sie ihn dann auf einer geeigneten Sitzstange los* **5**.

1

2

3

Diese Amazone wird sanft in einem Handtuch gehalten. Dies sollte allmählich geübt werden, bis sich der Vogel daran gewöhnt hat.

Nehmen Sie ein Handtuch von heller oder neutraler Farbe wie Weiß oder Creme. Dunkle oder bunte Handtücher können den Vogel erschrecken. Gewöhnen Sie ihn allmählich daran, indem Sie ihn auf dem Schoß halten und ihm einen Zipfel des Handtuchs zum Spielen oder Knabbern anbieten. Bringen Sie nach einigen Übungen den Vogel immer mehr in Kontakt mit dem Handtuch. Belohnen Sie und ermuntern Sie ihn ständig während der Übungen durch Lob oder Kopfkraulen, bis Sie schließlich erreicht haben, dass der Vogel sich daran gewöhnt hat, sanft im Handtuch ein paar Minuten gehalten zu werden.

4

5

Papageiengeschirre

Ein Papagei sollte niemals eine Fußkette tragen, weil ein einziger Zug das Bein ausrenken kann. Obwohl sie es nicht mögen, wenn irgendetwas ihr Gefieder berührt, akzeptieren manche Papageien ein leichtes Geschirr, das mit entsprechender Vorsicht verwendet werden kann, wenn man mit dem Vogel hinausgehen will. Das Geschirr wird am Körper angelegt und hat eine unten angebrachte Halteleine. Um ein Geschirr zu akzeptieren, muss der Vogel gut und mit Bedacht trainiert werden. Bei den ersten Malen sollte der Vogel das Geschirr *nur wenige Sekunden lang* an einem vertrauten Ort in der Wohnung tragen. Akzeptiert er es, können Sie allmählich die Zeitspanne verlängern. Fühlt er sich nach ein paar Versuchen mit dem Geschirr nicht wohl, *zwingen Sie ihn nicht weiter dazu*, ziehen Sie stattdessen lieber den Bau einer Flugvoliere in Erwägung.

Sprechen beibringen – Nachahmung

Die Beliebtheit von Papageien beruht teilweise auf ihrer Fähigkeit, die menschliche Sprache nachzuahmen. Manche werden als „gute Sprecher" bezeichnet. Graupapageien und Timnehs sind besonders für ihre exakte Sprachwiedergabe bekannt. Sie können genau den Akzent und Tonfall einer Person annehmen, die sie imitieren. Allerdings sprechen Graupapageien kaum in Anwesenheit von Fremden. Amazonen sprechen oft sehr gut und sind eher bereit, dies auch vor Fremden zu tun, aber ihre Möglichkeiten mit der Stimme reichen nicht an die der Graupapageien heran. Kleinere Vögel wie Wellen- und Nymphensittiche können ebenfalls Sprache nachahmen, haben aber eine leisere, eher quäkende Stimme.

Papageien imitieren häufig das Geräusch eines klingelnden Telefons.

Diese Art von „Sprache" ist generell reine Nachahmung. Jedoch im Gegensatz zu allen anderen Heimtieren sind Papageien durchaus in der Lage, die menschliche Sprache von vornherein in ihrem richtigen Zusammenhang zu benutzen, sofern sie gelehrt werden, Wörter im sprachlichen Kontext zu verwenden.

Papageien imitieren häufig Geräusche, die mit dramatischen Handlungen einhergehen. Sie werden sehr wahrscheinlich Flüche imitieren, wenn damit übertriebene Gesten und eine laute Stimme verbunden sind, ebenfalls bekannte, regelmäßig auftretende Geräusche, auf die eine Handlung folgt, wie Türklingeln, Rauchmelder, Mikrowellenherd oder Telefon. In allen Fällen beobachtet der Vogel, wie jemand auf das Geräusch reagiert und bekommt Lust, es selbst erzeugen, um eine Aktion auszulösen. Papageien sind meist sehr gut darin, den Hund herbeizurufen und Menschen mit fester Stimme auszuschimpfen.

Nicht immer erwünscht

Obwohl wir dies am Anfang ganz amüsant finden, kann wiederholtes Nachahmen mancher Geräusche richtig zum Problem werden. Fällt das Geräusch des Vogels dazu sehr laut aus, beklagen sich womöglich auch noch die Nachbarn darüber.

Am häufigsten tritt Nachahmung bei Hauspapageien auf, die allein, ohne andere Artgenossen

Ertönt irgendein Geräusch in Zusammenhang mit einer bestimmten Handlung, wird der Vogel dieses Geräusch sehr wahrscheinlich wiederholt nachahmen, um eine Reaktion auszulösen.

Wenn Papageien Menschen nachahmen, kann dies unerwünschte Folgen haben, z. B. wenn ein Papagei den Hund mit seinem Namen herbeiruft. Hier gilt es aufzupassen. Es mag amüsant sein, aber Papageien und Hunde sollten, selbst wenn sie zusammen sein dürfen, niemals unbeaufsichtigt sein.

gehalten werden. Papageien in Gesellschaft behalten eher die „Papageiensprache“ bei, als menschliche Sprache zu imitieren. Bei Vögeln in Einzelhaltung, die Geräusche einschließlich Sprache imitieren, kann dies einfach ein Versuch des Vogels sein, sein Leben zu bereichern, indem er sich selbst „unterhält“.

Möchten Sie Ihren Vogel zum Sprechen ermuntern, führt einfaches Wiederholen eines gebräuchlichen, kurzen Satzes häufig dazu, dass er Sie aufgrund seiner ohnehin vorhandenen Neigung zur Nachahmung imitiert. Es kann durchaus nützlich sein, den Vogel seinen eigenen Namen sagen zu lassen. Manche Halter bringen ihren Vögeln bei, auch ihre Adresse zu sagen. Dies kann dabei helfen, einen verlorenen oder sogar gestohlenen Vogel aufzufinden. Es gab Fälle vor Gericht, bei denen es um gestohlene Papageien ging und in denen der Wortschatz des Vogels als Nachweis seiner echten Eigentümerschaft diente. So konnten die Vögel dem rechtmäßigen Eigentümer zurückgegeben werden.

Die Wiederholung eines Wortes oder ganzen Satzes bringt den Vogel oft dazu, es oder ihn in reiner „Papageienmanier“ nachzuahmen, ohne den Worten eine Bedeutung beizumessen. Passen Sie auf, was Sie vor einem Papageien sagen. Ihre Worte können früher auf Sie zurückfallen, als Sie denken!

Sprechen im Zusammenhang

Es ist nicht schwierig, einem Vogel menschliche Sprache in Zusammenhängen beizubringen, anstatt sie nur nachzuahmen. Damit erfährt unsere Vorstellung von der Verständigung zwischen uns und unserem Papagei eine ganz neue Bedeutung. An die Aufgabe, dem Vogel *bedeutungsvolle* Sprache beizubringen, geht man mit demselben Ansatz heran wie bei einem sehr kleinen Kind. Jedes Mal, wenn Sie dem Vogel einen Gegenstand geben, an dem er interessiert ist, wie ein Spielzeug oder eine Futterbelohnung, wiederholen den Namen des Gegenstands deutlich, „Erdnuss", „Traube", „Spielzeug" je nachdem. Nach einer Weile begreift der Vogel, dass sich der Name auf den Gegenstand bezieht und er kann die richtige Bezeichnung verwenden, wenn er den Gegenstand haben möchte. Der Vogel kann auch das richtige Wort für Dinge verwenden, die gerade nicht in seinem Sichtfeld liegen. Hier sollten Sie davon ausgehen, dass der Vogel den bezeichneten Gegenstand haben möchte und ihn ihm nach Möglichkeit anbieten.

Ein Objekt beim Namen zu nennen, wenn Sie es Ihrem Vogel geben, erhöht die Chance, dass er Sprache im Zusammenhang benutzt.

Papageien setzen Sprache auch ein, um Befehle zu erteilen und verwenden sogar die Kommandos, die Sie für ihn benutzen. So ist es nicht ungewöhnlich, dass sie „Auf" sagen, wenn sie aus ihrem Käfig möchten. Reagieren Sie entsprechend, indem Sie entweder „Ja, auf" sagen, während Sie den Vogel herausnehmen oder dem Vogel sagen, dass er momentan nicht herauskommen kann.

Kakadus können viele neue Geräusche nachmachen, aber sie tun dies meist mit einer solchen Lautstärke, dass dies für Halter und Nachbarn zum Problem werden kann.

Die „Modell-Rivale"-Lehrmethode

Die Professorin Irene Pepperberg aus den USA arbeitet seit vielen Jahren mit Graupapageien. Ihre

Vögel benutzen Hunderte von Wörtern und Sätzen, um Gegenstände zu verlangen und Antworten zu geben. Die Vögel können Fragen nach Größe, Form, Farbe, Material eines Gegenstands oder der Anzahl der ausgelegten Gegenstände korrekt beantworten. Sie zeigen Fähigkeiten, die denen eines menschlichen Kleinkindes ähneln, das sprechen lernt. Pepperberg arbeitet mit einer Methode, die als Modell-Rivale-Technik bekannt ist. In der nachfolgend beschriebenen Situation sitzen zwei Trainer neben dem Vogel und tauschen untereinander Gegenstände aus, die sie jedes Mal benennen oder beschreiben. Nach drei oder vier Übungen täglich über mehrere Wochen hinweg lernt der Vogel, Gegenstände zu benennen und beschreiben. Diese Technik nutzt die natürliche Veranlagung des Vogels, sich an Aktivitäten zu beteiligen und ermuntert ihn dabei, Sprache zu verwenden. Typisches Beispiel eines Dialogs zwischen Alex, einem Graupapageien, und seiner beiden Trainer, Irene und Bruce: Bei dieser Übung kennt Alex bereits die Gegenstände, aber seine Aussprache des Wortes „Fünf" ist schlecht. Deshalb versuchen die Trainer, seine Aussprache zu verbessern, damit er ein Bündel von fünf kleinen Holzstöckchen aus dem Spielzeugbaukasten deutlich benennen kann.

Die Arbeit der Professorin Irene Pepperberg mit Graupapageien hat erheblich zu unserem Verständnis von der Intelligenz dieser Vögel beigetragen.

Irene (hält die fünf Stöckchen): *Bruce, was ist das?*
Bruce: *Fünf Holz.*
Irene: *Richtig, fünf Holz. Hier ...* (gibt Bruce die fünf Holzstöckchen. Bruce bricht eines auseinander, genauso wie Alex es tun würde).
Alex: *Üf Holz.*
Bruce (zu Alex): *Besser* (soll heißen, sag das Wort *fünf* mit besserer Aussprache, während Bruce ihm die fünf Stöckchen nochmals zeigt). *Wie viele?*
Alex: *Nein!* (Alex will nicht mitarbeiten).
Bruce (wendet sich von Alex ab, um mit Irene Kontakt aufzunehmen): *Irene, was ist das?* (zeigt die Stöckchen).
Irene (ahmt die schlechte Aussprache von Alex nach): *Üf Holz.*
Bruce (zu Irene): *Besser ... wie viele?*
Irene: *Fünf Holz* (nimmt die Stöckchen), *fünf Holz.* (Schaut Alex an) *Wie viele Holz?*
Alex: *Füf Holz.*
Irene: *Ok, gut genug, fünf Holz ... hier sind fünf Holz* (gibt Alex die Stöckchen).
(* Copyright I. M. Pepperberg 1999)

Alex, einer von Pepperbergs Graupapageien, bei der Arbeit an einer Lektion über die Bezeichnung von Farben. Dieser Vogel verfügte über ein Repertoire an Hunderten von Wörtern.

Das Zuhause Ihres Papageis

Käfige

Man sagt oft, dass der Käfig eines Papageien sei sein „Zuhause“. Ein schlechter Vergleich, außer Sie leben in einer winzigen Ein-Zimmer-Wohnung. Das Zuhause eines Vogels sollte aus weitaus mehr als nur seinem Käfig bestehen. Viele Verhaltensstörungen beruhen einfach auf der Tatsache, dass von einem solch intelligenten Vogel, wie es der Papagei ist, „erwartet“ wird, dass er den größten Teil des Tages in seinem Käfig verbringt und nur ein paar Stunden pro Tag herausgelassen wird. Würde man Hunde und Katzen so halten, würden wir ganz selbstverständlich mit Verhaltensstörungen rechnen. Dasselbe geschieht auch mit Papageien.

Dieser Käfig ist nicht groß genug für die darin sitzenden Kakadus. Er hat gerade einmal für einen Afrikanischen Graupapagei die richtige Größe.

Ganz allgemein gilt: *Je kleiner der Käfig, umso weniger Zeit sollte ein Vogel darin verbringen.* Käfige für mittelgroße bis große Papageien sind häufig so klein, dass sie das Fliegen unmöglich machen. Wird ein solcher Käfig verwendet, muss der Vogel den Großteil des Tages außerhalb verbringen, wenn Verhaltensstörungen verhindert werden sollen. Besser ist es, wenn Sie Ihrem Vogel eine Unterkunft anbieten, die für ihn groß genug ist zum Fliegen wie ein geräumiger „Flugkäfig“ oder eine Innenvoliere. Bei der Käfiggröße gilt es, die *Flügelspannweite* des Vogels zu berücksichtigen. Sie kann überraschend groß sein, oft mehr als das Doppelte der Körperlänge. Zur Messung der Flügelspannweite lassen Sie jemand den Vogel vorsichtig halten, vielleicht in einem Handtuch, wobei ein Flügel gestreckt ist, und messen Sie ab Rückenmitte bis zur Spitze des vollständig ausgebreiteten Flügels, dann *verdoppeln* Sie dieses Maß. Das ist die Flügelspannweite. Eine Amazone oder ein Graupapagei besitzt eine Flügelspannweite von rund 70 cm und selbst ein kleiner Goldbugpapagei und Nymphensittich von rund 40 cm.

Die Flügelspannweite eines Vogels ermitteln. Der Abstand von der Flügelspitze dieses Goldbugpapageis bis zur Rückenmitte beträgt 20 cm, somit beträgt die Flügelspannweite 40 cm.

Je größer, desto besser

Für kleinere Vögel kann man Käfige finden, die zum Fliegen groß genug sind. Hier eignet sich ein Käfig von rund einem Meter Breite und 60 cm Tiefe. Die Käfighöhe ist für den Vogel unwichtig, da er sehr wenig Zeit in der unteren Käfighälfte verbringen wird, sollte jedoch so ausfallen, dass der Vogel seine Flügel vollständig ausbreiten und mit ihnen schlagen kann. Als Anhaltspunkt für kleinere Vögel gilt mindestens 60 cm Käfighöhe.

Bei den größeren Arten wie den Graupapageien, Amazonen und Kakadus müssen Sie unter Umständen einen Teil des Zimmers in eine Voliere umwandeln. Für diese Vögel muss die Voliere oder der Flugkäfig mindestens zwei Meter lang und einen Meter breit sein, um das Fliegen auszulösen und genügend Platz für die ausgebreiteten Flügel zu bieten. Verwenden Sie dennoch einen „normalen", kleineren Käfig, der nicht geräumig genug zum Fliegen ist, müssen Sie darauf achten, dass der Vogel den Großteil des Tages außerhalb des Käfigs verbringt. Große Aras wie beispielsweise der Hellrote, Gelbbrust- sowie der Grünflügelara brauchen viel mehr Raum und sollten ihr eigenes Zimmer von mindestens drei Quadratmetern haben, damit sie richtig fliegen können. Welcher Käfig- oder Volierentyp

Oben: *Rundkäfige sind für Vögel verwirrend. Sowohl Gitterabstand als auch Käfiggröße machen ihn ungeeignet für jegliche Art der Vogelhaltung.*
Links: *Diese Käfige sind von solider Bauweise mit vertikalen als auch horizontalen Gitterstäben. Der kleinere Käfig wäre für einen kleinen Sittich geeignet, der größere für eine Amazone.*

auch immer, der Vogel muss trotzdem noch mehrere Stunden täglich außerhalb des Käfigs in Ihrer Gesellschaft verbringen und auch während dieser Zeit zum Fliegen ermuntert werden.

Käfigausstattung

Papageien klettern gerne, daher sollte der Käfig viele horizontale und nicht nur vertikale Gitterstäbe aufweisen, weil diese das Klettern erleichtern. Der Käfig sollte von robuster Bauweise sein, sodass die Stäbe vom Vogel weder verbogen noch beschädigt werden können und der Vogel womöglich noch die Beschichtung des Metalls frisst. Käfige mit kunststoffbeschichteten Gitterstäben sind für Papageien ungeeignet. Die hochwertigsten Käfige sind aus Edelstahl, die meisten jedoch aus Baustahl mit farbiger Einbrennlackierung. Zur Sicherheit des Vogels ist es unabdingbar, dass die Abstände zwischen den Gitterstäben eng genug sind, damit der Vogel seinen Kopf nicht aus dem Käfig stecken kann. Bei kleineren Arten ist ein Gitterabstand von 1,3 cm notwendig. Mittelgroße Vögel wie Graupapageien und Amazonen benötigen einen Gitterabstand von 2,5 cm und große Aras von bis zu 3,8 cm. Manche Käfige sind aus reinem Kunststoff ohne Gitterstäbe. Solche Käfige verhindern das Klettern der Vögel und sind nicht empfehlenswert. Am besten wird der Käfig mit mehreren schwenkbaren Futtertheken ausgestattet, bei denen Sie die Futternäpfe von außen auswechseln können.

Kakadu in einer gefährlichen Unterkunft. Dieser Vogel kann sich aufgrund der weiten Maschen schwer verletzen.

Eine schwenkbare Futtertheke mit drei stabilen Edelstahlschälchen von je 13 cm Durchmesser.

Normalerweise sollte sich die oberste Sitzstange des Käfigs nicht über Ihrer Augenhöhe befinden, wenn Sie daneben stehen. Nervöse Vögel dagegen sollten immer eine Sitzstange über Augenhöhe haben. Sie können einen zu hohen Käfig niedriger machen, indem Sie ein paar Zentimeter an den Füßen absägen und die montierten Rollen ersetzen. Manche Käfige haben ein Bodengitter direkt über der Bodenschublade. Dieses hält den Vogel davon ab, heruntergefallene Gegenstände aufzuheben und kann zu Verletzungen führen, wenn der Vogel nachts in Panik gerät und bei einer Bruchlandung mit den Füßen durch das Gitter kommt. Man sollte es herausnehmen und den Boden mit Zeitungspapier auslegen, das man täglich wechselt. Damit sich der Vogel sicherer fühlt, sollte der Käfig eine geschlossene Rückwand besitzen. Da solche Papageienkäfige schwer zu finden sind, kann man den Käfig einfach mit der Rückseite gegen eine Wand stellen.

Die richtige Sitzstange

Vogelfüße besitzen die Eigenschaft, eine Sitzstange unter minimalem Aufwand der Muskeln mit den

Zehen zu umschließen, aber nur, wenn die Stange so dünn ist, dass der Fuß auch beinahe ganz herum greifen kann. Oft sind die mit den Käfigen gelieferten Stangen zu dick und sollten gegen dünnere Hartholzäste mit Rinde getauscht werden. Nicht geeignet sind Sitzstangen aus Kunststoff oder Weichholzstangen aus Fichte oder Tanne, denn ihr klebriges Harz kann die Federn des Vogels beschädigen. Ein festes Seil aus Naturfasern wie

Unterschiedliche Dicken und kleiner Durchmesser bei rauen, natürlichen Sitzhölzern sorgen für sicheren Halt.

Baumwolle oder Flachs ist ebenfalls eine gute Investition. Sitzstangen werden schnell schmutzig, deshalb sollten sie regelmäßig *gewaschen* und *ausgetauscht* werden. Am besten hat man zwei Sätze an Sitzstangen für jeden Käfig, dass immer saubere zur Verfügung stehen, wenn man sie braucht.

Dieses Sitzholz ist zu dick. Der Plattschweifsittich kann die Stange nicht richtig mit seinen Füßen umfassen, sondern nur darauf stehen.

Futtergefäße

Die Futternäpfe Ihres Vogels sollten so groß sein, dass er daraus picken

Die Beweglichkeit von Seilen als Sitzplatz und die Tatsache, dass sie schwingen, sorgen für Bewegung und können den Vogel zum Spielen ermuntern.

kann, ohne anderes Futter zu verunreinigen. Am besten gibt man dem Vogel eine große Schale oder zwei kleine. Größere Schüsseln für einen Graupapagei oder eine Amazone sollten etwa 13 cm, kleinere etwa 10 cm Durchmesser haben. Wassernäpfe können kleiner sein.

Den Käfig einrichten

Die meisten Papageien haben sehr gerne eine Schlafbox in ihrem Käfig. Er sollte einem normalen Nistkasten ähneln, jedoch eine große Eingangsöffnung haben. Er sollte etwas größer als der betreffende Vogel, damit er sich innen bequem drehen

Viele Papageien, besonders Einzelvögel, profitieren enorm von einem solchen Schlafkasten in ihrem Käfig.

kann. Bei einem Graupapagei oder einer Amazone sollten die Abmessungen 30 cm in der Breite auf 15 cm in der Höhe betragen, bei kleineren Vögeln wie dem Goldbugpapagei sie 17,5 cm in der Breite auf 10 cm in der Höhe. Der Kasten sollte aus hochwertigem, 20 mm starken Sperrholz bestehen und fest im oberen Käfigteil verankert werden. Bei einem kleinen Käfig können Sie, um Platz zu sparen, den Kasten außen anhängen, müssen dazu aber einige Gitterstäbe aussägen, sodass der Vogel von innen Zugang zum Kasten hat. Legen Sie Sägespäne und ein paar kleine Spielzeuge hinein, die der Papagei

benagen oder zerstören darf. Zugang zu solch einem Schlafkasten gibt dem Vogel ein Gefühl der Sicherheit und des Zutrauens. Außerdem stoßen Papageien keine lauten Rufe aus oder kreischen, wenn sie im Schlafkasten sind, der so auch dazu beträgt, Lärmprobleme zu mindern.

Große Auswahl an Spielzeug

Spielzeuge sind ein wichtiger Bestandteil zur Bereicherung der Umwelt Ihres Vogels. „Fußspielzeuge“ sollten klein und nicht sehr wertvoll sein, der Vogel sollte sie mit dem Fuß halten können, während er mit ihnen spielt oder sie zerlegt. Die meisten davon kosten nichts: Korken, Tannenzapfen, unbehandeltes Holz, Pappstreifen, unbehandelte Lederstreifen und hölzerne Wäscheklammern eignen sich bestens als Nagespielzeuge für Vögel. Sie können auch kurze Stücke von unbehandelten Baumwoll- oder Hanfseilen verwenden, manche Vögel spielen auch gerne mit einem Schlüsselbund. Spielzeuge sollten nur an einer sehr kurzen Kette oder einem Naturfaserseil aufgehängt werden, damit sich der Vogel nicht darin verfangen kann. Sie können auch größeres Spielzeug verwenden,

Diese kleinen „Fußspielzeuge“ zählen oft zu den Lieblingsspielzeugen von Papageien. Sie können entweder selbst welche basteln oder sie fertig kaufen.

Dies sind ideale Hängespielzeuge, größtenteils aus ziemlich weichen, benagbaren Naturstoffen wie Baumwolle, Massivholz und Bast. Legen Sie sich mehrere davon zu und wechseln Sie sie öfters aus, um sie für den Vogel interessant zu machen.

das dauerhaft im Käfig aufgehängt wird. Es lohnt sich, eine Sammlung davon anzulegen und alle paar Tage eines davon auszuwechseln, um das Interesse des Vogels wachzuhalten. Ringförmiges Spielzeug sollte aus Sicherheitsgründen so gestaltet sein, dass die Ringe entweder so klein sind, dass der Vogel seinen Kopf nicht hindurch stecken kann oder so groß, dass er mit dem ganzen Körper hindurchpasst.

Zu viel großes Spielzeug sollte nicht im Käfig herumliegen, drei bis vier Teile genügen. Spiegel vermeidet man am besten, weil sie bei einigen Vögeln Verhaltensstörungen auslösen. Nervöse Vögel haben aber manchmal gerne einen Spiegel bis sie selbstsicher und zahm sind. Außerdem sollte der Vogel mindestens einen Ständer haben, auf dem er während des Aufenthalts im Zimmer sitzen kann. Die freistehenden Kletterbäume, teilweise mit montierten Rollen, sollten so groß und interessant gestaltet sein, wie Sie es sich leisten können: mit mehreren Sitzstangen, Spielzeugen und einem großen Futternapf. Kleine, tragbare Tischständer sind ebenfalls nützlich, weil Sie damit den Vogel in verschiedene Räume mitnehmen können.

Die Außenvoliere

Heimvögel profitieren enorm von einer Freiflugvoliere im Garten, die sie bei gutem Wetter tagsüber nutzen können. Um den Vogel zum Fliegen zu ermutigen, muss sie groß genug sein. Für Mohrenkopfpapageien oder Nymphensittiche ist eine Größe von 2,5 m Länge auf 1,5 m Breite auf 2 m Höhe ausreichend. Eine Voliere für Graupapageien oder Amazonen sollte doppelt so groß sein. Die Konstruktion sollte aus Holz und der Draht robust genug sein für die jeweilige Vogelart. Die Stärke des Drahtes hängt von seiner Dicke ab. Je niedriger die Maßzahl der Dicke, desto stärker ist der Draht.

Die meisten Kakadus (und Aras) brauchen eine Voliere aus Metallgitter, da sie alles Holz zernagen.

Für die meisten mittelgroßen Papageien können Sie den Drahtdicke 14 oder 12 und die Maschenweite 2,5 × 2,5 cm verwenden, für kleinere Vögel Drahtdicke 16 und die Maschenweite 2,5 × 1,25 cm. Nehmen Sie hochwertigen galvanisierten, nicht den billigen feuerverzinkten Maschendraht. Die Zinkschicht kann von den Vögeln abgenagt und verschluckt werden – sie ist giftig. Zum Schutz vor Ratten und Mäusen sollte der Draht 30 cm tief im Boden verankert oder die Voliere auf einen Betonsockel montiert werden.

Großzügige Bepflanzung

Ein schräges Dach lässt Regenwasser gut ablaufen. Verwenden Sie für die geschlossenen Dachabschnitte Kunststoffpaneele aus Polycarbonat, was auch häufig für Dächer von Gewächshäusern verwendet wird und viel stabiler als Wellplastik ist. Die Rückseite kann 2,1 bis 2,4 m hoch sein, die Vorderseite rund 2 m. Die Rückseite sollte aus massivem, für Vögel blickdichtem Material bestehen. Alternativ können Sie die Voliere gegen eine Wand bauen. Holz müssen Sie mit Maschendraht schützen, damit die Vögel es nicht durchbeißen können. Die Voliere sollte so gebaut und aufgestellt sein, dass ein Teil für Sonne und Regen durchlässig ist und ein Teil nicht, damit die Vögel sich dorthin bewegen können, wo es ihnen gefällt. Obwohl Papageien aus tropischen Ländern stammen, mögen sie kein direktes Sonnenlicht. Sie können einen Hitzschlag bekommen. Bieten Sie also viele Schattenplätze an.

Kletterpflanzen wie Clematis, Geißblatt oder Passionsblume können außerhalb der Voliere so angepflanzt werden, dass sie sich über das Dach ausbreiten. So entsteht Halbschatten, in dem sich die Vögel auch sicherer fühlen, da sie sich vor Falken oder anderen großen Vögeln „verstecken" können, die sie vielleicht über ihnen fliegen sehen. Statten Sie die Voliere mit Naturholzzweigen als Sitzstangen und mit Seilen aus Naturfaser, wie Hanf oder Baumwolle, als Sitzmöglichkeit aus.

Noch immer sind viele Papageienvolieren schlecht ausgestaltet. Trotz gegenteiliger Aussagen können Pflanzen in der Voliere angepflanzt werden,

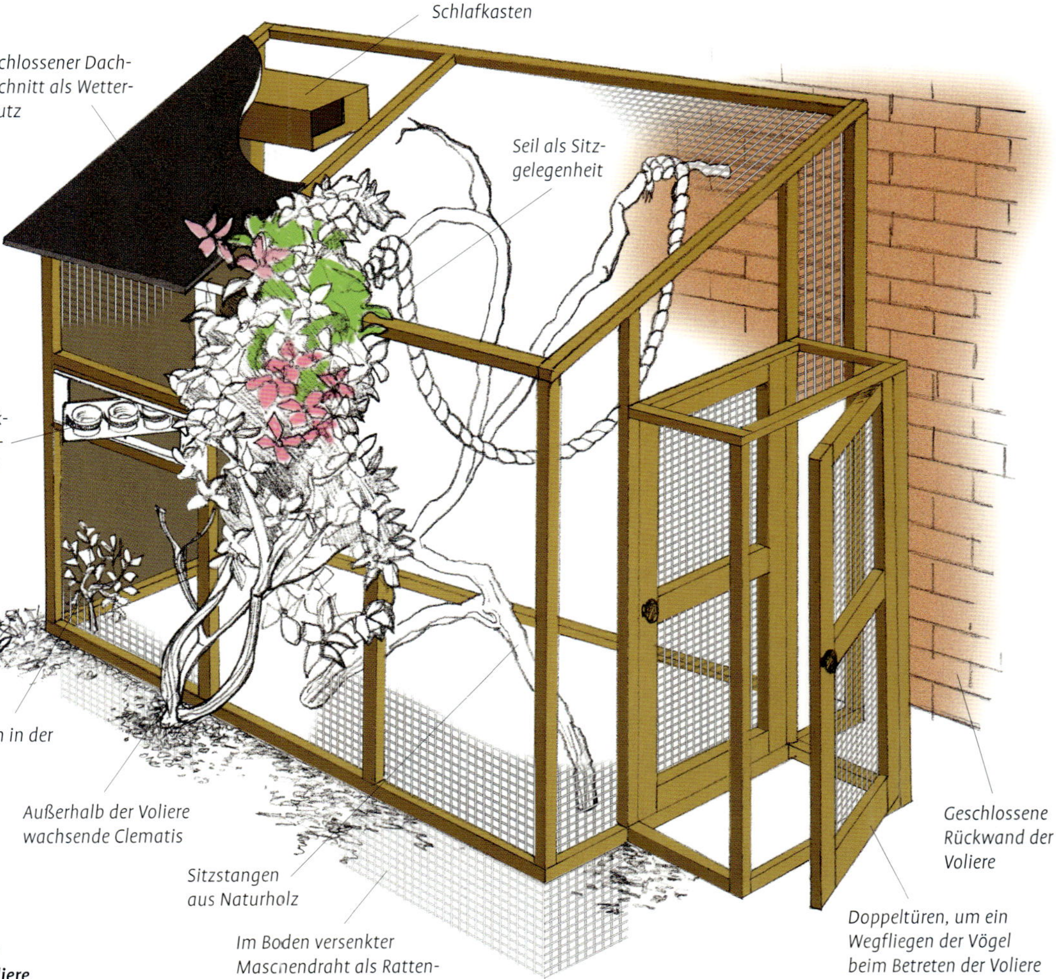

au einer
ußenvoliere

vorausgesetzt, sie sind groß genug. Auch hier sorgt der natürliche Hintergrund dafür, dass sich die Vögel

Clematis ist ideal, um eine Voliere sich teilweise bewachsen zu lassen und als Schattenspender.

heimisch und entspannt fühlen. Spielzeuge sowie große Futter- und Wassernäpfe sollten in der Voliere ebenfalls nicht fehlen.

Wenn Sie Ihren Vogel in die Voliere setzen, gehen Sie immer davon aus, dass er, selbst wenn seine Flügel gestutzt sind, wegfliegen könnte. Bringen Sie ihn in einem Transportkäfig in die Voliere und lassen Sie ihn dann dort frei.

Eine gesunde Ernährung

Papageien brauchen eine gesunde, ausgewogene Ernährung, die eine große Auswahl an Futtersorten umfasst. Die gewöhnlichen Vogelfutter mit Sonnenblumenkernen sind durch ihren zu hohen Fettanteil und Mangel an wichtigen Vitaminen und Mineralstoffen als Hauptbestandteil eines Papageienfutters völlig ungeeignet. Die im Handel erhältliche Samen weisen große Qualitätsunterschiede auf. Machen Sie dazu einen einfachen Keimungstest. Nehmen Sie 100 beliebige Samen

Da dieser Kakadu in der Wildnis jeden Tag viele Kilometer fliegt, braucht er viel mehr Futter als seine Artgenossen, die als Heimvögel leben.

und weichen Sie diese 24 Stunden lang bei Zimmertemperatur in Leitungswasser ein. Gießen Sie das Wasser ab und halten Sie die Samen 4 bis 5 Tage lang feucht. Zählen Sie die gekeimten Samen. Gute Samen zeigen nach dieser Zeit einen kleinen Trieb. 90 % der Samen sollten so keimen. Wenn nicht, könnten sie tot, ranzig oder schimmelig sein und damit eine ernsthafte gesundheitliche Gefährdung. Viele Vogeltierärzte stellen fest, dass Ernährung mit schlechten Samen die häufigste Krankheitsursache bei Papageien ist. Häufig wird ihnen noch fettes Futter als Leckerbissen gegeben, wie Kekse, Käse und sogar Fleisch. Eine solche Ernährung kann beim Vogel zu chronischen Erkrankungen führen, vor allem zu Leber- und Nierenstörungen.

Vorlieben kontra Notwendigkeit

Papageien sind allerdings darauf „programmiert", entweder stark fetthaltiges oder süßes Futter zu fressen und werden dieses anderem Futter vorziehen. Es bietet dem Vogel ein Maximum an Kalorien für ein Minimum an Anstrengung. Die Vorliebe der Papageien ist naturgegeben, da sie in der Wildnis viel stark fetthaltiges Futter als „Treibstoff" für ihre Flüge über Hunderte von Kilometern hinweg zwischen den einzelnen Futterplätzen benötigen. In Menschenobhut jedoch müssen Papageien nicht diese Mengen an gehaltvollem Futter aufnehmen, weil sie nur relativ kurze Entfernungen fliegen und die überschüssigen Kalorien nicht verbrennen können. Daher sollte eine gute Ernährung für Hauspapageien hauptsächlich aus Kohlenhydraten, rund 75 bis 80 %, mit etwa 15 % pflanzlichen Eiweißen und nur 5 bis 8 % Fett bestehen. Viele Vogelfutterhersteller machen immer noch keinerlei Angaben auf ihren Etiketten über die enthaltenen Mengen an Fetten, Proteinen und Kohlenhydraten. Dagegen sind Nahrungsmittel für Menschen korrekt ausgezeichnet und von besserer Qualität als die gleichen Produkte für Heimtiere.

Zur Ermittlung des Nährstoffgehalts des Futters für Ihren Vogel können Sie immer auf dem Etikett der menschlichen Lebensmittel gleichen Typs nachsehen. Typischer Fettgehalt sind zum Beispiel: Sonnenblumenkerne 48 %, Pinienkerne 68 % und Erdnüsse 50 %. Dagegen enthalten Hülsenfrüchte wie Erbsen und Bohnen wenig oder kein Fett, dafür rund 80 % Kohlenhydrate und 10 bis 20 % Eiweiß. Papageien müssen nicht immer Samen zu Verfügung haben, aber täglich eingeweichte Hülsenfrüchte, frisches Obst und Gemüse wie Trauben, Äpfel, Bananen, Karotten, Sellerie, Brokkoli, Granatäpfel und anderes. Stark fetthaltige Nüsse sollten sparsam verfüttert werden.

Australische Arten wie Kakadus, Nymphensittiche und Grassittiche können trockeneres Futter einschließlich Trockensamen erhalten. Getreidekörner wie Weizen, Hafer, Hirse, Reis und Mais enthalten wenig Fett, dafür viel Kohlenhydrate und Eiweiß.

NÄHRSTOFFGEHALT AUSGEWÄHLTER FUTTERSORTEN FÜR PAPAGEIEN (Gramm pro 100 g Futter)

	Futtersorte	Eiweiss	Kohlehydrate	Fett
	Nussmischung: Paranüsse, Mandeln, Haselnüsse, Walnüsse und Pekannüsse	15,9 g/100 g	4,9 g/100 g	64 g/100 g
	Hülsenfrüchtemischung: Mungbohnen, grüne und braune Linsen, Adzukibohnen, Kichererbsen	16,8 g/100 g	43 g/100 g	3,1 g/100 g
	Rohe Erdnüsse (ungeröstet)	25,5 g/100 g	12,5 g/100 g	46 g/100 g
	Kichererbsen	21,4 g/100 g	45,2 g/100 g	5,4 g/100 g
	Sonnenblumenkerne	19,8 g/100 g	18,6 g/100 g	47,5 g/100 g

Gesunde Auswahl bieten

__Ganz links:__ Eine Mischung aus getrockneten Hülsenfrüchten und Körnern.
__Links:__ Dieselbe Mischung nach 12-stündigem Quellen.
__Unten links:__ Dieselbe Mischung nach dem Ankeimen, drei Tage nach dem Quellen.

Erhält Ihr Papagei derzeit hauptsächlich eine Samenmischung, fehlen ihm einige Nährstoffe und Sie sollten die Ernährung umstellen (siehe Seiten 92–93). Es gibt zwei Futterarten, die gesünder sind: entweder Pelletfutter oder eine Frischfuttermischung aus eingeweichten und gekeimten Saaten sowie Hülsenfrüchte mit frischem Obst und Gemüse. Pellets haben einen ausgewogenen Nährstoffgehalt, manche sind Biopellets. Dieses Futter ist für den Halter bequemer, besonders wenn viele Vögel gefüttert werden müssen. Pellets können jedoch für den Vogel sehr langweilig sein; ungefähr so, als ob Sie zu jeder Mahlzeit Frühstücksflocken essen! Mit Pelletfutter erleben Vögel keine anderen Geschmacksrichtungen oder Beschaffenheiten wie bei natürlicherer Ernährung aus Körnern, Obst und Gemüse.

Eine Mischung aus Hülsenfrüchten, Erbsen und Bohnen sowie einigen Körnern bilden eine gute Grundlage für die Ernährung von Papageien. Hülsenfrüchte enthalten viel Kohlenhydrate und Eiweiße, aber wenig oder kein Fett. Als Trockenmischungen sind sie in den meisten Supermärkten für Menschen erhältlich. Hülsenfrüchte können nicht trocken verfüttert werden, sie müssen eingeweicht und am besten angekeimt sein, bevor Ihr Vogel sie frisst. Bei gekeimten Saaten erhöht sich der Vitamingehalt. Bei den Hülsenfrüchten bevorzugen Papageien die Kichererbsen. Es lohnt sich aber, Ihrem Vogel eine Mischung verschiedener Hülsenfrüchte anzubieten, um zu sehen, welche er mag. Darin können Kichererbsen, Mungobhnen, Augen- oder Kuhbohnen, Adzukibohnen, Pintobohnen und so weiter enthalten sein. Wenn Sie einmal wissen, welche Bohnen Ihr Vogel am liebsten mag, können Sie davon mehr und weniger von den anderen anbieten. Für die meisten Papageien der folgende Speiseplan, der keinerlei Trockensaaten enthält, zu empfehlen:
35 % *eingeweichte/angekeimte* Bohnen oder Bohnenmischung (Kichererbsen, Augenbohnen, Mungobohnen, usw.),

Pelletfutter besitzt meist einen guten Nährstoffgehalt, doch es kann für den Vogel langweilig sein. Die Akzeptanz lässt sich oft durch Anfeuchten der Pellets in warmem Wasser erhöhen.

25 % *eingeweichte/angekeimte* Körner und Getreidekörner (Sonnenblumen, Färberdistelsamen, Hanf, Hirse, Weizen, Hafer, Reis, Mais, usw.),
40 % frisches Obst und Gemüse wie Äpfel, Bananen, Trauben, Granatäpfel, Karotten, Sellerie, Rosenkohl grüne/Schnitt- bzw. Brechbohnen, Erbsen in der Schote, Süßkartoffeln, Maiskolben, Brokkoli, usw.

Keimfutter zubereiten

Am einfachsten ist es, zuerst die Hülsenfrüchte (35 % des Gesamtfutters) und die Körnermischung (25 % des Gesamtfutters) als Trockenfutter zusammenzumischen. Die Tagesration schwankt stark je nach Art und Aktivität der Vögel. Grobe Angaben sind 50 g (Trockengewicht) für einen Graupapagei oder eine Amazone, 25 g Trockengewicht für einen Nymphensittich oder Goldbugpapagei und 80 g Trockengewicht für einen großen Ara.

Beim Quellen erhöht sich das Gewicht durch die Aufnahme von Wasser. Lassen Sie zur Vorbereitung eine Tagesration in warmem, nicht heißem Wasser 12 Stunden lang quellen, eventuell über Nacht. Heißes Wasser tötet die Saaten ab und verhindert ihr Auskeimen. Es ist normal, dass die Bohnen währenddessen einen typischen Geruch abgeben. Die gequollene Mischung können Sie nach 12 Stunden füttern, müssen sie jedoch zuvor gründlich mit klarem kaltem Wasser abspülen. Besser lassen Sie die Mischung weitere 12 bis 24 Stunden ankeimen. Hierzu halten Sie das Futter bei Zimmertemperatur feucht, aber weichen Sie es nicht vollständig ein. Spülen Sie es mehrmals mit kaltem Wasser, um eine bakterielle Verunreinigung zu verhindern. Sobald winzige, weiße Sprosse an den Körnern und Bohnen erscheinen, eignen sie sich am besten als Futter. Kochen Sie die Keimlingsmischung nicht, sie wird immer roh gefüttert. Bewahren Sie es dann höchstens einen Tag und nicht im Kühlschrank auf. Werfen Sie alle Reste weg.

Gemüse enthält in der Regel mehr Mineralstoffe als Obst, aber auch ausreichend Vitamine.

Nahrungsergänzungen und ungeeignetes Futter

Frisst Ihr Vogel täglich ein abwechslungsreiches Futter, bestehend aus frischem Obst, Gemüse und Hülsenfrüchten mit etwas Körnern, besteht wenig Bedarf für Zusätze. Im Zimmer gehaltene Vögel haben jedoch keinen Zugang zu direktem Sonnenlicht, daher können sie das essenzielle Vitamin D3 nicht bilden. Ohne dieses Vitamin ist es den Vögel unmöglich, das Kalzium im Futter für ihren täglichen Bedarf umzuwandeln. Dann braucht Ihr Vogel *lösliches Kalzium zusammen mit Vitamin D3*, wie es in flüssiger Form bei Herstellern von Nahrungszusätzen für Vögel erhältlich ist.

Einfacher als einem Trockenfutter sind Zusätze einem Feuchtfutter beizumischen, wie hier dieser gequollenen Körner- und Bohnenmischung.

Die folgenden Lebensmittel sind für Vögel schädlich oder giftig: Avocado (tödlich), Alkohol, Schokolade, Kaffee und Tee. Salziges Futter muss immer vermieden werden, da es schwere Nierenstörungen verursachen kann. Vorsicht auch bei Salz in menschlichem Essen wie Käse und Frühstücksflocken. Lesen Sie immer die Nährstoffangaben auf den Packungen. Vögel können den in Milch enthaltenen Zucker Laktose nicht verdauen, daher ist der Nährwert vieler Milchprodukte für Vögel nicht erschließbar. Papageien können jedoch vergorene Milchprodukte wie Joghurt und Käse verdauen, in denen die Laktose gespalten wurde. Mit wenigen Ausnahmen sind Papageien keine Fleischfresser, daher kein Fleisch füttern. Die meisten Fälle von Lebensmittelvergiftung, bei Menschen wie bei Papageien, entstehen durch infiziertes Fleisch. Kochen tötet nicht jedes Virus im Fleisch, sodass sich Ihr Vogel infizieren kann.

Futterumstellung

Dies ist eigentlich eine das Verhalten betreffende Sache, deshalb gelingt eine Futterumstellung am besten, wenn der Vogel trainiert ist, die Grundkommandos von mindestens einer Person (siehe Kapitel Training, Seiten 60–83) zu befolgen. Dies und eine Bindung vorausgesetzt, können Sie neues Futter einführen, indem Sie es in Anwesenheit des Vogels selbst essen, oder so tun, als ob. Am besten macht man dies, wenn der Vögel nicht in der Nähe des Käfigs ist, also wenn Sie morgens als erstes das Futter zubereiten. Hat der Vogel außerhalb seines Käfigs einmal vom neuen Futter gefressen, können Sie als nächstes versuchen, etwas vom neuen zusammen mit dem bisherigen Futter in seine Schalen zu legen. Möglicherweise müssen Sie dies über mehrere Tage oder sogar Wochen tun, wobei Sie die Menge des neuen Futters allmählich erhöhen und die des alten verringern. Bei Vögeln, die sich jedem Futter außer Sonnenblumenkernen verweigern, versuchen Sie eine Futterumstellung, indem Sie zunächst *gequollene und gekeimte Sonnenblumenkerne* anbieten (siehe Seite 94). Frisst der Vogel diese, nehmen Sie alle Trockensaaten weg und bieten auch gequollene/gekeimte *Hülsenfrüchte* an.

Sobald der Vogel neues Futter annimmt, besteht

eine andere Methode darin, nur dieses als erste Morgenfütterung anzubieten und eine späte Fütterung mit dem bisherigen Futter am Nachmittag. Während Sie die Menge der ersten Fütterung erhöhen, schleichen Sie die zweite Fütterung allmählich aus. Muss bei mehreren Vögeln das Futter umgestellt werden, fangen Sie beim zahmsten Vogel an, weil dieser Neues vermutlich am schnellsten annimmt. Wenn die anderen Vögel sehen, dass dieser es frisst, werden auch sie neues Futter akzeptieren.

Oben: *Führen Sie neues Futter, das Sie füttern wollen, zunächst an Ihren Mund, um das Interesse des Vogels daran zu wecken. Es ist hilfreich, wenn das neue Futter zunächst warm angeboten wird.*
Unten: *Eine gute, abwechslungsreiche Ernährung ist entscheidend für einen gesunden Vogel und alle Papageien mögen von Zeit zu Zeit Abwechslung.*

Verhaltensstörungen vermeiden und beheben

Was verursacht Verhaltensprobleme?

Versuchen Sie nicht, Ihren Vogel zu „dominieren“, indem Sie ihn zu etwas zwingen. Gute Verhaltensmodifikation funktioniert nur, wenn Sie mit Ihrem Vogel zusammenarbeiten, ohne Zwangsmethoden, die auf Dominanz beruhen. Die häufigsten Verhaltensstörungen bei Papageien sind Nervosität, Federrupfen, Beißen, übermäßiger Lärm und destruktives Nageverhalten. Die Ursachen hierfür sind vielfältig, im Grunde genommen aber liegt es meist an Art und Qualität der Betreuung des Vogels.

Alle Tiere besitzen ein Verhaltensrepertoire und die Veranlagung zu vielen verschiedenen Verhaltensweisen im Alltag, wenn sie physisch und psychisch gut gehalten werden. Tiere wie Hunde und Pferde haben das Bedürfnis, umherzulaufen und sich mit anderen Hunden, Pferden oder Menschen, die sie verstehen, zu sozialisieren. Katzen sollten ihr Jagdverhalten nachahmen und Hamster einen Bau graben können.

Die Verhaltenspalette ist endlos und es gibt große Unterschiede zwischen den vielen als Haustiere gehaltenen Tieren. Solange die meisten dieser Verhaltensweisen oder Ersatzhandlungen dazu ausgelebt werden können, wird der Vogel kaum Probleme haben. Werden jedoch die Versuche eines Vogels, sein normales Verhalten auszuleben, vereitelt, dann können ernsthafte Verhaltensstörungen entstehen.

Im Gegensatz zu domestizierten Haustieren bleiben selbst in Gefangenschaft geborene Papageien im Grunde genommen immer Wildtiere mit entsprechend intaktem Wildverhalten. Die Probleme für Papageien rühren aus den großen Unterschieden her, die zwischen dem Leben in der Natur und dem ihnen auferlegten bei uns Zuhause liegen. Diese Gegensätze sind immens.

Wildlebende Hyazinth-Aras. Der natürliche Lebensraum von Papageien ähnelt in keiner Weise unseren Wohnzimmern.

Ein Vogel in einem leeren Käfig wird sehr schnell Verhaltensstörungen entwickeln, die schwer zu beheben sind. Gute Betreuung dient der Vermeidung solcher Störungen.

Gesellschaft ist lebenswichtig

Die meisten Wildpapageien leben in großen, hochsozialen Schwärmen, die jede Woche Hunderte von Kilometern in ihrem Waldlebensraum fliegen. Sie verbringen täglich viele Stunden auf Futtersuche an verschiedenen Orten. Als äußerst intelligente Lebewesen verfügen sie über einen gut entwickelten Sinn für das Spiel und sie verbringen mit ihren Schwarmmitgliedern viel Zeit mit dieser Aktivität. Als Beutetiere, die Angriffen vieler Räuber ausgesetzt sind, sind sie äußerst nervös und misstrauisch in ihrem Verhalten. Tatsächlich besteht ihr bester Schutz darin, in Schwärmen zu leben, sodass jeder Vogel die anderen auf eine Gefahr aufmerksam machen kann. Das hochgradig entwickelte Sozialgefüge des Vogelschwarms mit seiner gut ausgebildeten „Sprache" aus Verhaltenssignalen gibt den Vögeln die notwendige Sicherheit.

Stellen Sie diesen Lebensbedingungen nun diejenigen gegenüber, die derselbe Vogel in Ihrem Wohnzimmer vorfindet. Typischerweise lebt der Papagei allein, es gibt keinen Vogelschwarm. Er wird nie eine längere Strecke fliegen und sitzt lange Zeit im Käfig.

Futter bekommt er soviel er will, ohne die Notwendigkeit, sich je um verschiedenes Futter bemühen zu müssen. Der Vogel hat viel freie Zeit, aber oft absolut nichts, um damit etwas anzufangen. Ein Vogel, dessen Umgebungsbedingungen derart

Oben: *Beim Fressen von reifenden Bananen in den Bäumen von Honduras nutzen Gelbnackenamazonen ihre Fähigkeit zu klettern.*
Links: *Die meisten Papageien wie diese hellroten Aras gehen eine enge Bindung mit ihrem Partner ein. Gegenseitige Gefiederpflege stärkt diese Beziehung.*

eingeschränkt sind, kann sehr schnell gelangweilt und frustriert werden. Gerade für solch intelligente Vögel, wie Papageien es sind, ist es lebenswichtig, Bedingungen zu bieten, in denen sie möglichst viel ihres natürlichen, „wilden" Verhaltens ausleben können.

Bereicherung des Lebensraums

Natürlich ist es einfacher, Verhaltensstörungen von vornherein zu vermeiden als nachher zu beheben. Ein reizvolles Umfeld, in dem möglichst viele natürliche Verhaltensweisen möglich sind, minimiert das Risiko für solche Störungen.

Der vielleicht wichtigste Gesichtspunkt bei der Betreuung eines Heimvogels, besonders wenn es ein Einzelvogel ist, ist die Menge an *Zeit, die der Vogel außerhalb des Käfigs* mit Ihnen und Ihrer Familie verbringt. Die hochsozialen Papageien kommen mit Einsamkeit nicht zurecht, daher sind Sie und Ihre Familie der „Ersatzschwarm".

Sofern Ihr Vogel trainiert ist und Kommandos wie im Kapitel „Training" beschrieben befolgt, können Sie ihn die meiste Zeit über außerhalb des Käfigs lassen, wenn Sie anwesend sind. Ihr Vogel muss täglich viele Stunden – nicht eine oder zwei – außerhalb des Käfigs mit Ihnen verbringen. Er sollte verschiedene Plätze haben, die er in den Zimmern aufsuchen kann, in die er darf.

Obwohl Papageien gerne auch irgendwo einfach einmal „abhängen", werden sie mit Sicherheit frustriert, wenn sie gezwungen sind, zu lange am selben Ort zu bleiben. Hier sind dann der große Kletterbaum und mehrere kleine Papageienständer nützlich.

Geistig gesunde Papageien sind äußerst neugierig und möchten alles, was sie interessiert, untersuchen. Sofern dabei kein Sicherheitsrisiko besteht, sollte man dies gestatten, sie sogar dazu ermuntern. Es ist wichtig, dass die Vögel ihren Schnabel und ihr Gehirn beschäftigen, sowohl im Käfig als auch außerhalb. Spielzeug, das mit dem Fuß gehalten und möglichst auch zerkaut werden kann, ist für Ihren Vogel oft interessanter als teures Spielzeug. Benutzen Sie Ihre Phantasie, wie Ihr Vogel nach Lieblingsleckerchen stöbern kann. Mit Zeitungspapier ausgestopfte Papprollen, in denen Leckerchen versteckt sind, funktionieren sehr gut. Mit Erdnussbutter bestrichene Tannenzapfen werden zerfetzt und in kleinen Pappkartons versteckte Leckereien sind schon eine größere Herausforderung.

Gegenseitige Gefiederpflege ist wichtig

Wildpapageien verbringen täglich viel Zeit mit gegenseitiger Gefiederpflege, die eine emotional Notwendigkeit für sie ist. Sie sollten dieses Verhalten mit Ihrem Vogel nachahmen, am besten durch Kraulen an seinem Kopf. Führen Sie die Gefiederpflege an anderen Körperstellen durch oder berühren diese, könnte der Vogel sexuell übererregt werden. Als Folge könnte er sich auf sie fixieren und anderen Familienmitgliedern gegenüber aggressiv werden.

Der Vogelkäfig sollte natürlich groß sein, mehrere Sitzstangen, verschiedenes, gelegentlich ausgetauschtes Spielzeug und einen Schlafkasten enthalten. Gartenbesitzer sollten eine Freiflugvoliere für den Aufenthalt Ihres Vogels tagsüber in Erwägung ziehen.

Auch in der Voliere ist dem Vogel Vieles anzubieten: Zweige zum Knabbern, unterschiedliches Spielzeug und vielleicht noch ein Schlafkasten. Möchten Sie Ihrem ersten Vogel einen Gefährten geben, können die beiden ein Paar werden. Dann kann es passieren, dass Ihr Vogel vielleicht nichts mehr mit Ihnen zu tun haben will und unter Umständen aggressiv auf Sie oder andere Menschen reagieren kann.

Stubenreinheit und Nagen

Wenn Sie Vögel frei im Haus herumfliegen lassen, ist damit zu rechnen, dass sie außerhalb des Käfigs Kot absetzen und Holzgegenstände im Haus annagen. Manche Halter trainieren die Vögel darauf, sich auf Kommando zu entleeren, meist wenn sie aufgefordert werden, aus dem Käfig zu kommen. Um dem Vogel dies beizubringen, fordern Sie ihn wie immer mit „Auf" dazu auf, aus dem Käfig auf Ihre Hand zu steigen, nehmen ihn heraus und setzen ihn an der Stelle ab, an der er sein Geschäft erledigen soll. Tut er dies in kurzer Zeit, belohnen Sie ihn wie immer mit etwas, was er sehr mag. Dann nehmen Sie ihn von seiner „Häufchenstange" weg und beschäftigen sich mit ihm wie immer. Zur Vermeidung von Kot auf Ihren Möbeln müssen Sie Ihren Vogel kennen und absehen, wann er das nächste Mal „muss". Dieses Vorgehen kann aber bei manchen Vögeln zu Problemen führen, wenn der Kotabsatz nur an bestimmten Stellen für sie oder auch ihre Halter zur Manie wird. Denken Sie bei diesem Training daran, es muss sehr vorsichtig erfolgen.

Oder aber, Sie sehen das mit der Stubenreinheit, wie die meisten Papageienhalter, relativ locker. Unter die bevorzugten Sitzplätze des Vogels können Sie entweder Zeitungspapier legen oder die Stellen einfach danach mit einem Tuch reinigen.

Manche Papageien versuchen, alles was ihnen in den Schnabel kommt, zu zernagen, einschließlich Möbel. Reagiert man mit „Nein", nimmt das Nageverhalten noch zu, weil der Vogel meint, er würde mit Aufmerksamkeit belohnt. Am besten löst man dieses Problem, indem der Vogel andere Gegenstände zum Zernagen erhält und dazu ermuntert wird, indem man dieses Verhalten mit Aufmerksamkeit belohnt. Als Gegenstände eignen sich solche aus Naturstoffen wie Korken, Wäscheklammern, Tannenzapfen, kleine Stücke zusammengerollter Zeitung oder kurze Seil- oder Schnurstücke aus Naturfaser.

Nervosität und Phobien

Ein Papagei kann jemanden, der so aussieht, sehr Furcht erregend finden, weil hier eine Ähnlichkeit zum starren Blick eines Raubtiers besteht.

Der typische „phobische" Vogel war zuvor zahm, sogar zutraulich in seinem Verhalten, entwickelt dann aber plötzlich Furcht vor einem Menschen, einem Gegenstand oder einer Handlung. Dies ist ein erlernter Zustand. Dem Vogel ist etwas passiert, das dazu geführt hat, dass er auf einen bestimmten Reiz eine starke Angstreaktion zeigt. Häufig entwickeln Vögel eine plötzliche Furcht vor bestimmten Gegenständen, Handlungen oder sogar der Nähe ihres Halters. Vögel, die nicht fliegen können, sind eher anfällig für diese Störung. Die Reaktion auf den Fluchtreflex ist blockiert, der Vogel weiß, dass er vor einem empfundenen Problem nicht wegfliegen kann, was seine Angst extrem verschärft. Alles, was vom Vogel als Raubtier interpretiert werden kann oder mit Schmerz verbunden ist, wird eine Panikreaktion auslösen. Gegenstände, die für uns völlig harmlos sind, können diese Wirkung haben. Ein Tragekorb, ein dunkles Tuch, dunkle Kleidung oder Menschen mit Hüten können bei einem Vogel große Ängste auslösen. Ist es dem Vogel nicht möglich, einem Angstreiz zu entkommen, weil er im Käfig ist und/oder seine Flügel gestutzt sind, kann er schwere Panikanfälle bekommen. An jedes noch so winzige Detail eines angstauslösenden Erlebnisses oder Gegenstandes wird sich der Vogel erinnern. Tritt ein nur ähnliches Ereignis ein, kann sich die Panikreaktion des Vogels wiederholen.

Angst fernhalten

Eine weitere häufige Ursache für phobisches Verhalten ist die Reaktion des Betreuers auf den Vogel,

Hatte der Vogel eine Bruchlandung, nähern Sie sich ihm nicht sofort. Warten Sie immer, bis er sich wieder gefangen hat, bevor Sie ihn auffordern, auf Ihre Hand zu steigen.

wenn dieser in Schwierigkeiten ist. Fliegt ein Vogel gegen ein Fenster oder fällt auf den Boden, ist benommen und verwirrt, und der Betreuer geht sofort auf ihn zu, um ihm zu „helfen", verknüpft der Vogel diese Annäherung mit der *Ursache* des Unfalls und den damit verbundenen Schmerzen. Gesicht, Hände und vielleicht die Kleidung des Betreuers werden mit diesem Problem verknüpft. Sieht der Vogel diese Dinge wieder, wird seine Angstreaktion ausgelöst und er kann einen phobischen Anfall bekommen. Der einzige Weg, einem Vogel in solchen Situationen zu „helfen" ist, einfach so lange aus seinem Gesichtsfeld zu bleiben, bis er sich nach ein paar Minuten wieder gefangen hat.

Ein Vogel, der eine Phobie entwickelt hat, kann vor den Händen seines Betreuers Angst haben, denn sie werden mit dem Ereignis verknüpft, das den ursprünglichen Panikanfall ausgelöst hat.

Achten Sie immer darauf, dass ein Vogel möglichst nicht Angst erregenden Gegenständen oder Handlungen ausgesetzt ist. Reagiert er zum Beispiel auf jemand, der einen Hut trägt, darf sich dem Vogel niemand mit Hut nähern. Ist das nicht durchführbar, vielleicht weil der Vogel Sie oder Ihre Hände als Teil des Problems betrachtet, sollte ein vorsichtiger Desensibilisierungsprozess bei dem Vogel gestartet werden. Dabei ist jedoch entscheidend, dass dieser in einem Tempo voranschreitet, welches *der Vogel* annehmbar findet.

Hat der Papagei Angst vor Ihnen, müssen Sie an dem Problem arbeiten, indem Sie ihn langsam wieder daran gewöhnen, dass Sie näherkommen. Dabei sollten Sie die auf den Seiten 62–63 beschriebenen Methoden für nervöse Vögel anwenden. Auch hier machen Vögel mit ungestutzten Flügeln schnellere Fortschritte als solche mit gestutzten.

Federrupfen

Es ist sowohl für den Papagei als auch seinen Halter sehr betrüblich, wenn ein Vogel beginnt, sein eigenes Gefieder zu beschädigen. Wissenschaftliche Studien haben ergeben, dass diese Störung durch Frustration und zu langem Käfigaufenthalt ausgelöst wird. Wie von *jedem* Verhalten verspricht sich der Vogel auch vom Rupfen einen „Vorteil". Rupfen ist eine Form der Selbstbeschädigung, die manchmal zu Selbstverstümmelung der Haut führen kann. Die Störung beginnt meist damit, dass der Vogel an einzelnen Federn zieht, sie aber nicht entfernt. Später versucht er dann, sie herauszureißen, und zwar meistens die Federn am Körper und oder die darunter liegenden Dunen. Federrupfen ist nur bei Vögeln in Gefangenschaft ein Problem. Wildpapageien rupfen und verstümmeln sich nicht, die Ursachen liegen also wahrscheinlich an den Lebensbedingungen in Gefangenschaft.

Dieser Rosakakadu verletzt sich selbst am Rücken und hat dort eine Fleischwunde. Der Halskragen unterbricht zwar die Handlung, eine Heilung bringt er aber nicht.

Verletzliche Vögel

Bestimmte Papageienarten sind anfälliger für das Rupfen als andere: Graupapageien, Kakadus und Aras zählen zu den am meisten gefährdeten. Papageien, die vom Schlüpfen an von Hand aufgezogen und daher ihrer leiblichen Eltern beraubt wurden, sind anfälliger für Federrupfen als von Vogeleltern aufgezogene Exemplare. Handaufgezogene Vögel neigen auch stark zu übertriebener Bindung an eine Person (siehe Seite 37). Papageien, deren Flügel besonders im jugendlichen Alter gestutzt wurden, oder Vögel, die täglich zu viel Zeit im Käfig verbringen, sind ebenfalls sehr anfällig. Papageien dagegen, die mit anderen Artgenossen in großen naturnahen Volieren gehalten werden, neigen kaum dazu. Federrupfen ist eigentlich eine Störung des Heimtiers Papagei, der im Käfig ohne Gesellschaft anderer Vögel und die Möglichkeit, sein natürliches Verhalten auszuleben, gehalten wird. Gute, artgerechte Bereicherung des Lebensraums (siehe Seite 100) und täglich viele Stunden Freiflug tragen dazu bei, das Federrupfen zu verhindern.

Rupft sich ein Vogel, sollte man sofort einschreiten, um die Aussichten auf eine Heilung zu verbessern. Obwohl Federrupfen eine Verhaltensstörung ist, ein willkürliches Verhalten, sollte der Vogel einem Fachtierarzt vorgestellt werden, um seinen

Oben und rechts: *Dieser Orangehaubenkakadu war ein Käfigvogel und in dieser Situation sehr unglücklich. Der Vogel leidet an Bewegungsstereotypien und rupft sich zusätzlich auch die Kopffedern mit den Füßen aus. Auch der Großteil der Haube fehlt.*

Dieser Graupapagei beißt die Federspitzen ab.

Die Gesellschaft eines anderen Vogels half diesem Graupapagei, sein Rupfen abzubauen, doch seine Gesundung kann Monate dauern.

Gesundheitszustand festzustellen. Vielleicht sind Medikamente notwendig oder der Vogel braucht eine Futterumstellung. Bei starkem Federrupfen und Verletzungen der Haut wird der Tierarzt einen Halskragen verordnen, der verhindert, dass das Tier seinen Körper ganz oder teilweise attackiert. Damit kann sicherlich der Selbstbeschädigung Einhalt geboten werden, die Ursachen sind damit nicht behoben. Diesen müssen Sie auf den Grund gehen, bevor der Halskragen abgenommen wird (siehe Seite 106–107).

Papageienfedern wachsen 2,5 bis 4 mm pro Tag nach, erstaunlich schnell. Innerhalb von zwei Wochen ist das Gefieder eines gerupften Papageis häufig gut nachgewachsen. Bei den Flügelfedern sieht die Sache anders aus. Hat der Vogel an den „Stumpen" der Kiele der Flügelfedern übrig gelassen, wachsen diese erst in der nächsten Mauser nach (siehe Seite 111). Ein guter Vogeltierarzt kann die Federn jedoch reparieren, indem er Spenderfedern anbringt. Sofortiges Nachwachsen lässt sich dadurch anregen, dass die Federstümpfe unter Narkose entfernt werden. Die neuen Federn wachsen sofort in natürlicher Geschwindigkeit nach, aber bei langen Federn dauert dies mehrere Wochen.

Federrupfen

Es ist sicherlich wesentlich einfacher, eine Verhaltensstörung zu beheben, wenn der Vogel bereits zahm und in Anwesenheit seines Betreuers zutraulich ist. Ist dies nicht der Fall, sollte der Vogel trainiert werden, damit der Umgang mit ihm einfacher wird und er in Anwesenheit seines Halters einigermaßen zutraulich ist. Verfahren Sie dazu entsprechend der im Kapitel „Training" beschriebenen Methoden.

Oben: *Federrupfen beginnt häufig damit, dass die Beinfedern beschädigt werden.* **Links:** *Molukkenkakadus sind sehr anfällig für das Federrupfen. Diese sozialen und intelligenten Vögel werden schnell gelangweilt und frustriert, wenn sie zu lange im Käfig sitzen.*

Federrupfen wird durch den Vogelhalter oft ungewollt verstärkt. Rupft sich ein Vogel und wird dann mit „Nein" oder „Lass das" ermahnt, kann er dies als Aufmerksamkeit für sein Rupfen interpretieren. Dieses Verhalten *des Vogelhalters kann den Vogel zum Rupfen ermutigen*. Jegliche Art der Verstärkung, auch unabsichtlich, muss daher vermieden werden. Verbringt ein Vogel bereits den Großteil des Tages außerhalb des Käfigs und rupft sich in Anwesenheit von Menschen, ist es am besten, *das Zimmer jedes Mal zu verlassen, wenn der Vogel sein Gefieder beschädigt*. Sie müssen vielleicht mehrmals tun, aber sobald ein Vogel mit einer guten Bindung an Sie erkennt, dass sein Rupfen Sie zum Weggehen veranlasst, hat er einen Anreiz, es zu unterlassen. Niemals sollte man einen Vogel wegen eines unerwünschten Verhaltens egal welcher Art, in seinen Käfig setzen, weil dies die Sache nur verschlimmert. Der Käfig als „Strafe" ist kontraproduktiv.

Besteht Ihre Reaktion auf das Rupfen Ihres Vogels darin, dass Sie von ihm weggehen, müssen Sie dies konsequent durchhalten. Mit dieser Methode verschlechtert sich das Federrupfen am Anfang, wenn der Vogel Ihre neue Strategie „testet". Diese vorübergehende Verstärkung eines unerwünschten Verhaltens nennt man in der Angewandten Verhaltensanalyse „extinction burst", was bedeutet, dass das Verhalten erst nach mehreren erfolglosen Versuchen aufhört. Es ist ein Vorläufer der Verhaltensänderung und sagt Ihnen somit, dass Ihr Vogel dabei ist, zu lernen!

Beschäftigen Sie Ihren Vogel

Manche Vögel rupfen sich außerhalb des Käfigs, aber nur an bestimmten Orten. Hier ist das Verhalten ortsgebunden. In solchen Fällen ist die Lösung einfach: Verweigern Sie dem Vogel das Aufsuchen der Orte, die sein Federrupfen auslösen. Rupft sich ein Vogel, wenn niemand bei ihm ist, vielleicht nachts, können Sie nur wenig über direkte Verhaltensmodifikation bewirken. In solchen Fällen müssen Sie die Lebensbedingungen des Vogels insgesamt überprüfen. Darf der Vogel täglich viele Stunden außerhalb des Käfigs verbringen? Interagiert er mit Ihnen oder mit anderen Vögeln und spielt er mit Spielzeug? Geben Sie dem Vogel Gelegenheit, sein Lieblingsfutter aufzustöbern und anderes Spielzeug zu zernagen? Je mehr der Vogel sein Wildtierverhalten ausleben kann, umso größer ist die Wahrscheinlichkeit, dass das Federrupfen nachlässt. Dazu gehört auch, dass Ihr Vogel täglich fliegen kann. Eine Außenvoliere ist von Vorteil, sie muss aber ein Ort sein, der für Ihren Vogel interessant und reizvoll ist. Zudem muss er sich sicher fühlen. Sie sollte Sitzgelegenheiten, Äste zum Benagen, Spielzeug und Möglichkeiten zur Futtersuche bieten. Papageien sollten mindestens jeden zweiten Tag mit Leitungswasser zur Gefiederpflege besprüht werden. Nehmen Sie dafür einen Pflanzensprüher, mit dem Sie den Vogel vorsichtig mit einem feinen Nebel einsprühen.

Halten Sie beim Einsprühen Ihres Papageis das Sprühgerät etwas unterhalb des Vogels und lassen Sie die Wassertropfen sanft auf ihn perlen.

Trockene Federn brechen, fransen aus und irritieren den Vogel. Ist Ihr Vogel nicht an das Besprühen gewöhnt, beginnen Sie mit sehr kurzen Duschen. Verlängern Sie sie Tag für Tag, bis der Vogel vollständig durchnässt ist. In der Wildnis werden die Vögel fast jeden Tag klitschnass.

Flügelstutzen

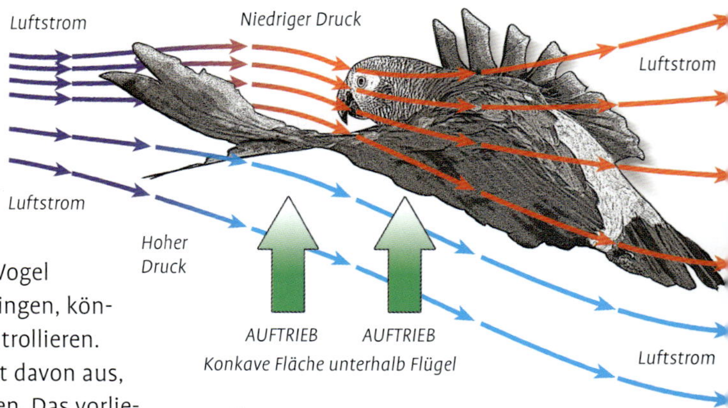

Vögel benutzen ihre Flügel, um sich durch die Luft zu „hebeln". Dieser Timneh-Graupapagei hat die Abwärtsbewegung des Flügels zur Hälfte ausgeführt. Beachten Sie die nach außen gedrehten Handschwingen wie sie die Luft nach hinten zwingen, um den Vogel voranzutreiben.

Papageien werden oft die Flügel gestutzt, weil die Halter glauben, dies sei „zur Kontrolle" des Vogels nötig und der Umgang mit ihm einfacher. Andere sagen, Flügelstutzen sei „zur Sicherheit" für den Vogel. Wenn Sie jedoch das in diesem Buch beschriebene Grundtraining durchführen, darunter dem Vogel auch manche Flugkommandos beibringen, können Sie seine Flugaktivitäten gut kontrollieren. Andere Papageienbücher gehen meist davon aus, dass die Flügel gestutzt werden sollten. Das vorliegende Buch zeigt, wie Sie Ihren Vogel mit intakten Flügeln halten.

Unterschiedliche Arten des Flügelstutzens

Flügelstutzen bedeutet, die Hauptflugfedern (Handschwingen) des Vogels zu kürzen. Manchmal wird nur ein Flügel so gestutzt. Dadurch bringt man den Vogel absichtlich aus dem Ungleichgewicht, die schlimmste Form des Flügelstutzens. Andere sind weniger brutal, wenn beispielsweise beide Flügel gleichmäßig, aber nur leicht gestutzt werden, sodass der Vogel in der Wohnung nach unten fliegen und sicher landen kann.

Probleme mit dem Flügelstutzen

Vögel mit gestutzten und mit intakten Flügeln sind gleichermaßen gefährdet, sie sind nur *unterschiedlichen Risiken* ausgesetzt. Wenn Vögel mit stark gestutzten Flügeln von Zuhause wegfliegen, sind sie leichte Beute für Katzen, Hunde oder Falken oder sie werden von einem Auto überfahren. Vögel mit gestutzten Flügeln können das „Bremsen" während des Flugs kaum steuern, werden aber immer zu fliegen versuchen, wenn sie etwas erschreckt. Ein Vogel, dessen Flügel gestutzt werden sollen, der aber trotzdem weiterhin in der Lage sein soll, sicher im Zimmer bei unbewegter Luft zu landen, muss äußerst moderat und gleichmäßig an beiden Flügeln beschnitten werden. Jedoch, wenn ein nur mäßig gestutzter Vogel bei leichter Brise entfliegt, wird er an Höhe gewinnen und ziemlich gut fliegen können. Die bewegte Luft gibt Auftrieb im Gegensatz zur „toten" Luft im Zimmer. Sind die Flügel des Vogels dagegen so stark gestutzt, dass er es überhaupt nicht schafft, nach draußen zu fliegen, lebt er durch sein Bruchlandungsrisiko immer noch unsicherer.

Davonfliegen ist das primäre Mittel eines Papageis, seine eigene Sicherheit zu gewährleisten. Die schlimmste Folge des Flügelstutzens ist, dass es dem Vogel die wichtigste Selbstrettungsreaktion wegnimmt. Die Unterdrückung dieses fundamentalen Verhaltens kann bei Papageien schwere Verhaltensstörungen auslösen. Außerdem kann das Flügelstutzen bei jungen Vögeln unter zwei Jahren

Unten: *Rechter Flügel eines Goldbugpapageis. Dieser Vogel ist in der Mauser. Er hat nur neun seiner zehn Handschwingen. Handschwinge Nummer 9 am äußeren Ende ist noch nicht ausgewachsen. Die Feder wird innerhalb von vier Tagen ausgewachsen und dann die längste Schwungfeder sein.*

Ganz unten: *Die Abbildung zeigt, wie manche Leute einem Vogel die Flügel stutzen, indem sie seine Handschwingen kürzen. Dies gefährdet ernsthaft die Sicherheit des Vogels.*

Den Schwanz dieses Graupapageis sieht man nur deshalb so deutlich, weil seine beiden Flügel stark gestutzt wurden.

die normale Entwicklung von Herz und Flügelmuskulatur hemmen und sie somit ein Leben lang beeinträchtigen. Jungvögel haben einen starken Flugtrieb, das Fliegen selbst jedoch muss erst erlernt werden. So sind die Jungvögel während des Lernens ungeschickt, was aber völlig normal ist. Manche Leute denken, dass es für den Jungvogel „sicherer" sei, seine Flügel zu stutzen. Doch gerade in diesem Stadium wäre es eine Katastrophe, weil er trotzdem zu fliegen versucht, dann aber keine Kontrolle mehr über sich hätte und noch stärker verletzungsgefährdet wäre. Lässt man den Vogel lernen, erwirbt er schon bald die nötigen Flugfähigkeiten.

Federn reparieren

Papageien erneuern ihre Flugfedern in der Regel jedes Jahr, die größeren Aras und Kakadus behalten sie bis zu zwei Jahren, bevor sie mausern. Dank der Mauser kann ein Vogel alle Federn nachwachsen lassen, auch ein *gestutzter*, aber er bleibt anfällig für Beschädigungen seiner neuen „Blutfedern". Diese Blutfedern brauchen den Schutz der ausgewachsenen benachbarten Federn, um nicht beschädigt zu werden. Blutungen aus gebrochenen Federkielen können stark und schmerzhaft sein. Die meisten Papageien haben neun oder zehn Hauptfedern, die an der „Hand" befestigt sind. Diese Handschwingen sorgen für den Antrieb während des Abflugs, werden mit einer Schubumkehr als „Bremsen" bei der Landung eingesetzt und unterstützen zusammen mit dem Schwanz die Steuerung. Sie sind von H1 bis H10 nummeriert (siehe Schemazeichnung). Papageien haben auch zwölf Armschwingen am „Vorderarm". Die Tragflügelform dieser Federn ermöglicht „freien Auftrieb", während Luft über sie hinwegstreicht. Die Hauptschwungfedern und Schwanzfedern des Vogels wachsen täglich 3 bis 4 mm. Eine typische, 150 mm lange Handschwinge eines Graupapageis oder einer Amazone braucht ungefähr 40 Tage, bis sie ausgewachsen ist. Der Vogel kann an jedem Flügel zwei, manchmal drei Schwungfedern gleichzeitig mausern.

Vögel haben sich in Jahrmillionen als *fliegende* Lebewesen entwickelt mit einer wesentlich höheren Körpertemperatur, schnellerem Herzschlag und einer höheren Atemfrequenz als Säugetiere. Der normale Herzschlag eines fliegenden Vogels kann über 1000 Schläge pro Minute betragen. Wie jedes Tier müssen sich auch Vögel regelmäßig und kräftig bewegen können, um gesund zu bleiben. Die Bewegung muss stark genug sein, um den Herzschlag signifikant zu erhöhen. Dies ist nur durch *tägliches Fliegen* zu erreichen. So sind flugfähige Vögel wesentlich stärker und weniger krankheitsanfällig als flugunfähige, gestutzte.

Gestutzte Flügel richten

Wurden einem Vogel die Flügel gestutzt, lässt man sie am besten unverzüglich reparieren, besonders, wenn er jung ist. Jungpapageien haben ein „Verhaltensfenster" innerhalb der ersten paar Lebensmonate, in dem sie neue Flugfähigkeit erwerben, wozu sie auch ermuntert werden sollten, selbst wenn sie beim Erlernen anfangs ungeschickt sind. Wenn sie in diesem Zeitraum nicht richtig fliegen lernen, lernen sie es vermutlich nie mehr.

Fachtierärzte für Vögel können die Flugfähigkeit von gestutzten Vögeln oder solchen mit beschädigten Flugfedern auf zweierlei Weise wieder herstellen. Spenderfedern eines artgleichen Vogels können zurückgepfropft oder aber die beschädigten Federn unter Narkose gezogen werden. Sie wachsen unmittelbar danach wieder nach. Wartet man bis zur Mauser, bis das Gefieder nachwächst, anstatt die Federn einzusetzen oder zu ziehen, kann der Vogel bis zu einem Jahr lang nicht fliegen. In dieser

1

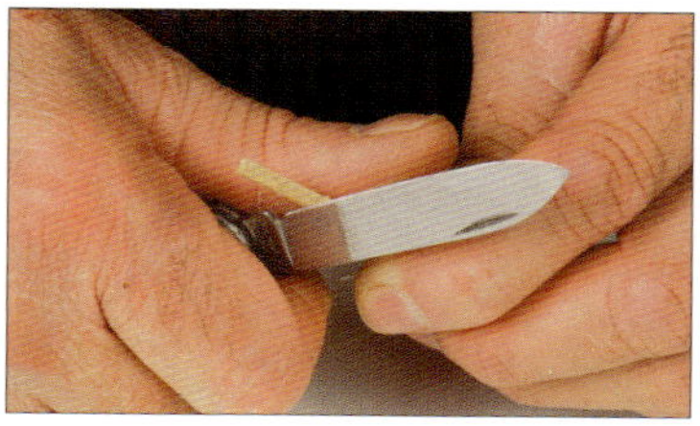

2

3

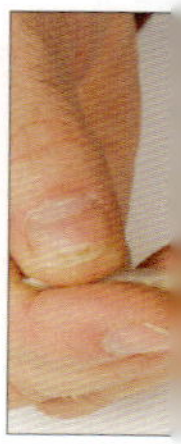

4

Die Mausersequenz

Bei einem normalen, gesunden Papagei ist die erste Feder zu Beginn der Mauser, die ausfällt und ersetzt wird, eine mittlere Handschwinge, üblicherweise H6. Die Erneuerung der Handschwingen läuft in beiden Richtungen gleichzeitig ab, in der exakten Reihenfolge H6, H5 und H7, H4 und H8, H3 und H9, H2 und H10, H1. Nach den Handschwingen mausert der Vogel die Armschwingen in linearer Reihenfolge. A1 wird als erste Armschwinge ersetzt, A12 als letzte. Eine normale Mauser bei einem gesunden Papagei läuft symmetrisch in beiden Flügeln gleichzeitig ab. Bei einem Papagei dürfen an einem Flügel nie mehr als drei Flugfedern gleichzeitig fehlen. Papageien besitzen zwölf Schwanzfedern, die gleichmäßig von innen nach außen gemausert werden, das heißt zuerst die beiden mittleren und zum Schluss die beiden äußeren Federn.

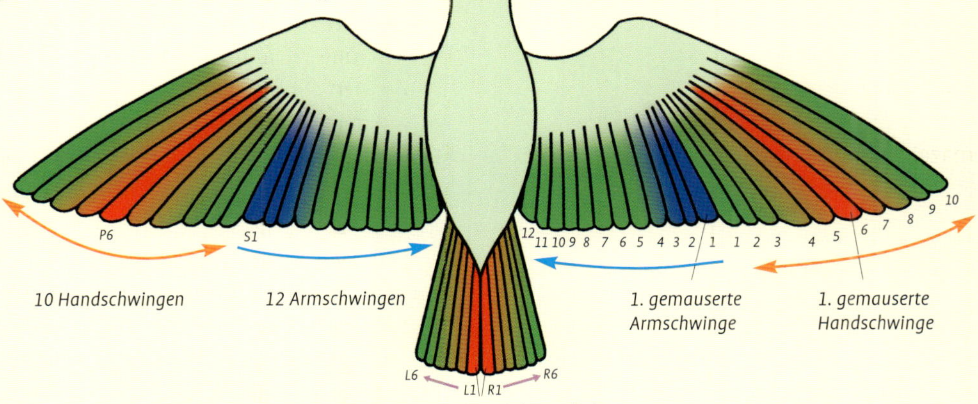

Zeit kann der Vogel auch seine nachwachsenden Blutfedern beschädigen.

Da Fliegen ein solch wesentlicher Bestandteil des normalen Verhaltensrepertoires ist, sollte es dem Vogel niemals verweigert, sondern er sollte dazu animiert werden. Flugkommandos im normalen Trainingsprogramm machen es leicht, einen Vogel ohne gestutzte Flügel zu halten.

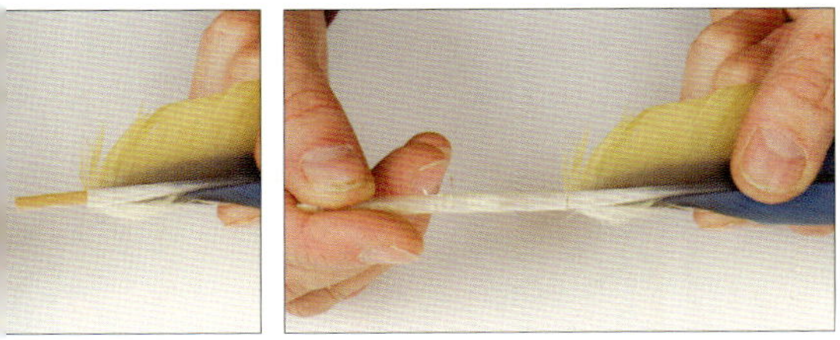

5

Eine Feder zum „Zurückpfropfen" auf einen gestutzten Flügel. **1** *Bei einer Spenderfeder wird der Kiel teilweise entfernt.* **2** *Ein kleiner Bambusstab wird vorbereitet und* **3** *und* **4** *zur Hälfte in den Kielhohlraum der Spenderfeder eingeführt und festgeklebt.* **5** *Die Spenderfeder ist dann verwendungsfähig, indem sie auf den Stumpf einer gestutzten Flügelfeder zurückgepfropft wird.*

Angriffs- und Beißverhalten

Bevor man ein Beißproblem lösen kann, muss der Vogel genügend trainiert sein, Ihre üblichen Kommandos zu befolgen. Beißt ein Vogel während des Trainings, übt man mit ihm am besten, auf einen Sitzstock auf- oder abzusteigen (siehe Seite 68) und nicht auf die Hand. Die meisten Papageienhalter erhalten gelegentlich einen Biss, allerdings meist keinen sehr schmerzhaften. Werden Sie aber regelmäßig oder stark attackiert, muss das Problem gelöst werden. Solches Beißverhalten kann ausgelöst werden, weil der Vogel nervös, ärgerlich, übererregt ist oder Angst hat. Ein Vogel mit übertriebener Bindung an eine Person beißt sozusagen „aus Eifersucht". *Jungvögel* merken oft nicht, wie kräftig ihre Schnäbel sind und müssen erst lernen, richtig damit umzugehen. Manche Vögel spüren, wenn Menschen vor dem Schnabel Angst haben und beißen, um die Reaktion der Person zu „testen".

Papageien sind von Natur aus nicht aggressiv. Sind sie jedoch aufgebracht oder werden sie provoziert, können sie heftig zubeißen.

Immer ruhig bleiben

Einer der häufigsten Gründe für einen heftigen Biss ist, dass der Vogel übererregt ist, vielleicht während Sie mit ihm gespielt haben. Es ist nicht die Schuld des Vogels, also achten Sie darauf, dass der Vogel in Spielphasen nicht zu sehr „aufgeheizt" wird. Werden Sie bei solchen Gelegenheiten gebissen, *versuchen Sie, möglichst überhaupt nicht darauf zu reagieren und sagen Sie nichts.* Beißen Sie die Zähne zusammen, akzeptieren Sie, dass ein Fehler passiert ist und fassen Sie den Vogel ein paar Minuten lang nicht an. Bewahren Sie selbst Ruhe, bis er sich wieder gefangen hat. Ein Vogel, der gebissen hat, sollte auf keinen Fall in den Käfig zurückgesetzt werden. Sonst haben Sie gleich ein weiteres Problem, denn es wird schwierig, den Vogel später wieder in seinen Käfig zu bringen! Viel wirksamer und besser ist es, wenn *man selbst* nach einem Biss auf Abstand vom Vogel geht. Kehren Sie dem Vogel den Rücken, gehen Sie aus dem Zimmer, schließen Sie die Tür hinter sich und lassen Sie den Vogel dort, wo er gerade ist. Bleiben Sie nur ein paar Minuten

Am besten vermeidet man direkten Blickkontakt, wenn ein Vogel auf der Schulter landet.

Wenn ein Vogel seinen Betreuer beißt, hat er keine Schuld. denn er besitzt keine Kontrolle über seine eignen Lebensumstände.

weg. Wenn Sie zurückgehen, müssen Sie und Ihr Vogel ganz ruhig sein, bevor Sie beide wieder miteinander kommunizieren. Dann machen Sie einfach weiter wie immer. Steigt der Vogel auf Ihre Hand, loben Sie ihn überschwänglich. Beißt der Vogel nochmals heftig zu, seien Sie konsequent und verlassen Sie erneut ganz ruhig das Zimmer. Sobald der Vogel merkt, dass sein asoziales Verhalten Sie zum Weggehen veranlasst, ist dies für ihn Anreiz, mit dem Beißen aufzuhören.

Denken Sie daran – wenn Sie etwas sagen, besonders „Nein!“ mit lauter Stimme, oder dem Vogel mit dem Finger drohen, wird die ganze Sache nur schlimmer, denn er wird noch aufgeregter, sein Verhalten noch ungehemmter und aggressiver.

Beißen kann auch ortsabhängig sein. Beißt er nur außerhalb des Käfigs, sollte der Vogel eine Zeit lang keinen Zugang mehr zu den entsprechenden Plätzen haben. Wenn Vögel auf der Schulter sitzen dürfen, kommt es öfter vor, dass sie irgendwann beißen. Die Schulter darf als Landeplatz benutzt werden, wenn der Vogel auf Sie zufliegt. Sobald er aber dort landet, geben Sie ihm das Kommando „Auf“ und setzen ihn auf Ihre Hand. Wenden Sie dabei immer den Kopf vom Vogel ab, um Blickkontakt zu vermeiden.

Bieten Sie dem Vogel Ihre Hand an und geben Sie das Kommando „Auf“. Halten Sie dabei den Daumen nach unten.

Nehmen Sie den Vogel langsam nach unten und loben Sie ihn für seine Mitarbeit, nachdem er auf die Hand gestiegen ist.

Kreischen

Für Papageien ist es ganz normal, viel Lärm zu machen – es ist Teil ihres natürlichen Verhaltens. Phasen „normaler“ lautstarker Rufe sind in der Regel von begrenzter Dauer, weniger als eine Stunde, und treten üblicherweise am frühen Morgen und wieder am Abend auf. Abnormalem, wieder-

Die Größe eines Vogels steht nicht im Verhältnis zur Lautstärke seines Rufes! Dieser Halsbandsittich ist ziemlich klein, hat aber einen sehr lauten Kontaktruf.

holtem, andauerndem Kreischen liegt ein anderes Problem zugrunde: Langeweile, Frustration oder Angst. Es beginnt mit übermäßigen Kontaktrufen, mit denen der Vogel die Aufmerksamkeit seines Halters einfordert. Dies ist bei vielen Kakadus der Fall, die kreischen, sobald ihr Halter das Zimmer verlässt und der Vogel allein ist. Den Vogel anschreien oder den Käfig abdecken, geht der Ursache des Kreischens nicht auf den Grund. Auch hat das Zurücksetzten des kreischenden Vogel in seinen Käfig häufig gegenteilige Wirkung.

Anzeichen von Frustration

Vögel kreischen auch, wenn sie aus dem Käfig beobachten, dass Sie beispielsweise essen und sind frustriert, weil sie nicht daran teilhaben können. Kann der Vogel nicht aus dem Käfig zu Ihnen kommen, sollten Sie nicht in Sichtweite des Vogels essen.

Die folgenden Methoden haben sich als nützlich erwiesen, das Kreischen in den Fällen abzubauen, in denen der Vogel den Lärm produziert, um Aufmerksamkeit zu erregen und mit Ihnen in Kontakt zu bleiben, wenn Sie das Zimmer verlassen. Probieren Sie diese Methode an Ihrem Vogel, aber nur wenn:

- das Kreischen des Vogels *tatsächlich* überhand nimmt,
- der Vogel *bereits trainiert* ist und Ihre üblichen Kommandos befolgt,
- er *mehrere Stunden täglich außerhalb des Käfigs mit Ihnen verbringen darf.*

Bringen Sie dem Vogel als erstes bei, zu unterscheiden, ob Sie das Zimmer nur kurz verlassen und in Hörweite des Vogels bleiben oder für längere Zeit hinausgehen. Verlassen Sie den Vogel nur, um kurz in das andere Zimmer zu gehen, lassen Sie die Tür angelehnt. Bevor Sie zurückkommen, verwenden Sie einen Kontaktruf, der *leiser* als der des Vogels ist, wie ein leises Pfeifen oder seinen Namen. Der Vogel soll lernen, auf Ihren Kontaktruf zu hören. Dies kann er nur, wenn er selbst nicht ruft. Bleiben Sie in *Stimmkontakt* mit Ihrem Vogel, wenn Sie in der Nähe, aber außerhalb seines Blickfelds sind. Wenn Sie beginnen, verlassen Sie das Zimmer buchstäblich nur wenige *Sekunden*. Verlängern Sie den Zeitraum dann allmählich bis auf einige Minuten.

Verlassen Sie den Vogel längere Zeit, achten Sie darauf, dass er in seinem Käfig ist. Sagen Sie dem Vogel, dass Sie eine Zeit lang weg sind und schließen die Zimmertür. Kommen Sie erst eine halbe

Graupapageien sind nicht als lautstarke Vögel bekannt, sie imitieren allerdings laute Geräusche, wenn diese häufig in ihrer Gegenwart wiederholt werden.

Stunde später zurück. Manche Vögel lernen den Unterschied zwischen diesen beiden Arten des „Verschwindens" ihres Halters und lassen mit dem Kreischen nach. Sie sollten natürlich immer andere Aktivitäten fördern, die vom Verhalten her nicht mit Kreischen einhergehen, wie Spielen mit und Zerlegen von zerstörbarem Spielzeug sowie die Benutzung eines Schlafkastens während einer Siesta am Tag. Vögel kreischen nicht, wenn sie in ihrem Schlafkasten sind.

Kreischt der Vogel übermäßig, während Sie im selben Zimmer sind, verlassen Sie das Zimmer und schließen Sie die Tür hinter sich. Kommen Sie erst nach zehn Minuten zurück und antworten Sie nicht auf Kontaktrufe Ihres Vogels. Sie müssen dies möglicherweise oft durchexerzieren, bis der Vogel merkt, dass sein Kreischen Sie zum Weggehen veranlasst.

Beschäftigte Schnäbel kreischen nicht! Wird der Vogel mit vielen unterschiedlichen Tätigkeiten unterhalten, wird es ihm nicht langweilig. Das Puzzlespielzeug dieses Graupapageis hat unterschiedlich große Löcher. Größere Futterstücke können nur aus einem bestimmten Loch herausgeholt werden. Dies unterstützt eine Verhaltensweise, die der Vogel in der Wildnis bei der Futtersuche anwendet.

Destruktives Verhalten

Papageien sind von Natur aus unordentliche Vögel und müssen Dinge zerstören können. Das ist Teil ihres normalen Verhaltens und in der Wildnis verbunden mit der Futtersuche und den Nistaktivitäten. Bekommen Papageien keine geeigneten Gegenstände zum Benagen, knabbern sie stattdessen Möbel, Türen oder andere Gegenstände an. Alle Papageien sollten geeignete Objekte erhalten, die sie zernagen dürfen. Das können Spielzeuge, Sitzstangen, Äste, der Schlafkasten und alles darin sein. Die Vögel sollten auch außerhalb des Käfigs Gegenstände zum Zernagen haben wie Spielzeug aus Naturstoffen, kein Kunststoff, Seil, natürliches unbehandeltes Holz, Korken, Holzwäscheklammern, unbehandeltes Leder, Pappkarton und Papier einschließlich alter Telefonbücher. Geben Sie Ihrem Vogel einen neuen Gegenstand, achten Sie darauf, dass er zuerst sieht, wie *Sie* damit spielen. Dies stärkt sein Vertrauen, die neuen Spielzeuge zu untersuchen und zu benutzen.

Der Nagetrieb ist bei manchen Papageien sehr stark ausgeprägt. Haben Vögel keine Gelegenheit, erlaubte Objekte zu zernagen, wenden sie ihre Aufmerksamkeit allem zu, was sie finden können, einschließlich Türen und Bilderrahmen.

Ein-Personen-Vögel

Vögel, die statt von den eigenen Eltern von Hand aufgezogen wurden, neigen viel mehr dazu, sich übertrieben an eine einzige Person zu binden. Dies äußert sich gewöhnlich darin, dass sich der Vogel benimmt, als sei seine Lieblingsperson sein Sexualpartner. Ein geschlechtsreifer Vogel kann anderen Menschen oder Haus-

Dieser Graupapagei hält einen Ring aus mehreren Lagen Pappe. Solches zerstörbare Spielzeug ist für Papageien unwiderstehlich.

tieren gegenüber, die sich im selben Zimmer befinden, auch aggressiv werden. Diese instinktiven Triebe können so stark sein, dass eine Verhaltensänderung nur schwer herbeizuführen ist. Wenn man sich gleich keinen handaufgezogenen Vogel zulegt, ist es einfacher, eine übertriebene Bindung zu vermeiden.

Um das Risiko der Entstehung solchen Verhaltens bei einem handaufgezogenen Vogel zu verringern, sollten Sie mit ihm so umgehen, dass er nicht sexuell erregt wird. Berühren Sie den Vogel nirgendwo außer am Kopf, wo Sie ihn, wie bei der Gefiederpflege der Vögel untereinander, kraulen können. Beschränken Sie selbst dann das Kopfkraulen auf wenige Sekunden.

Lassen Sie das Grundtraining mit dem Vogel auch von den anderen Familienmitgliedern üben. Wenn er trotzdem aggressiv wird und das Problem sich nicht vollständig lösen lässt, sollten die anderen Familienmitglieder den Befehl „Bleib" benutzen, um den Vogel daran zu hindern, zu ihnen zu kommen.

Kraftausdrücke

Papageien neigen dazu, laute Geräusche nachzuahmen, vor allem in Verbindung mit dramatischen Situationen und Gesten von Menschen. Darum schnappen sie häufig Schimpfworte auf. Sie sollten also vor Ihrem Vogel am besten nicht fluchen!

Wenn der Vogel es schon tut, müssen Sie beim Abgewöhnen absolut sicherstellen, dass Sie sein Fluchen nicht unbeabsichtigt verstärken. Noch wirksamer ist es, wenn Sie jedes Mal wenn der Vogel flucht, ein paar Minuten weggehen. Ist der Vogel Ihnen zugetan, vor allem auch durch das Grundtraining, wird er irgendwann damit aufhören. Wenn er Sie aber nicht mag, hört er vielleicht nie damit auf!

Freifliegende Vögel

Damit sind solche Papageien gemeint, die sich immer außerhalb des Käfigs befinden, aber keinerlei Erziehung oder Betreuung erfahren. Sie können tun was sie wollen, sind sich praktisch selbst überlassen. Während junge Papageien für kurze Zeit so gehalten werden können, bekommt man aber ohne Training mit zunehmendem Alter des Vogels Probleme durch sein Verhalten, weil er aggressiver wird. Achten Sie also ungedingt darauf, dass Ihr Vogel trainiert wird, Kommandos, vor allem die Flugkommandos zu befolgen. Wichtig ist auch, dass er diese Folgsamkeit auch später beibehält, vor allem und gerade, wenn Ihr Vogel in der Wohnung praktisch die meiste Zeit außerhalb des Käfigs leben darf.

Dieser handaufgezogene Goldbugpapagei hat eine übertriebene Beziehung zu seinem Betreuer. Die herabhängenden Flügel und der exponierte Rumpf zeigen, dass der Vogel sexuell erregt ist.

Entflogene Papageien

Es kommt ziemlich oft vor, dass Papageien entfliegen, meistens durch offene Türen oder Fenster. Aber auch viele „Schultervögel“ gehen verloren, wenn der Halter nach draußen geht und dabei

Unzählige Vögel entfliegen, besonders im Sommer, wenn jemand beim Hinausgehen seinen Vogel auf der Schulter vergisst.

nicht mehr an den Vogel auf seiner Schulter denkt, der dann durch irgend etwas erschreckt, wegfliegt. Die meisten Papageien sind zwischen 56 bis 72 km/h schnell und können in Minuten schon kilometerweit weg sein. Vorsichtsmaßnahmen wie Fenster und Haustüren geschlossen halten, solange der Vogel nicht im Käfig ist, verhindern ein Entfliegen. Lassen Sie den Vogel auch nicht auf Ihrer Schulter sitzen – man vergisst ihn zu leicht. Wenn man hinausgeht und es fällt einem dann wieder ein, kann es schon zu spät sein.

Ist der Papagei entflogen, sollten Sie Folgendes zur Hand haben:

- ein gutes Fernglas,
- einige Lieblingsfutterstücke Ihres Vogels und den Futternapf aus dem Käfig,
- einen Transportkäfig und/oder eine Stofftasche mit einer Kordel zum Zuziehen, um den Vogel hineinzustecken, wenn Sie ihn einfangen.

Je nach den Umständen verhalten sich entfliegende Vögel unterschiedlich und ein Vogel in Panik fliegt eher weit weg, bevor er erschöpft irgendwo landet. Ist er sonst relativ ruhig, fliegt der Papagei meist nicht weit. Er zieht wahrscheinlich einen weiten Kreis um den Abflugpunkt und hält dann Ausschau nach einem Landeplatz. Für die meisten Papageien, die draußen fliegen, ist die ganze Welt sehr verwirrend, weil sie mit dem, was sie sehen, nicht vertraut sind. Sie landen ungern auf einem Sitzplatz, es sei denn, sie kennen ihn bereits. Äste, die im Wind schwingen, können einen solchen Vogel genauso erschrecken wie Dächer oder TV-Antennen. Diese mangelnde Vertrautheit mit dem „Draußen“ können den Vogel so durcheinander bringen und ihn dazu zwingen, bis zur völligen Erschöpfung zu fliegen.

Ein gutes Fernglas (mit achtfacher Vergrößerung) ist von unschätzbarem Wert bei der Suche nach einem verlorenen Papagei.

Kapitel **10**

Draußen in unbekannter Umgebung ist ein Vogel verwirrt und kann kilometerweit wegfliegen.

Darin sollten Datum und Uhrzeit des Entfliegens sowie Ihre Kontaktdaten angegeben sein. Findet jemand einen fremden Vogel oder sieht ihn in seinem Garten, wird häufig die Polizei, der örtliche Radiosender, der Tierarzt oder der Tierschutzverband kontaktiert. Also sollten auch Sie *diesen Organisationen die Angaben über Ihren Vogel* übermitteln.

Sagen Sie es weiter

Landet der Vogel dann tatsächlich, ist er anfangs sehr angespannt und wird gleich wieder wegfliegen, wenn man ihm keine Zeit gibt, sich zu beruhigen. Häufig suchen sich Vögel den *höchsten Baum des Gebiets* zum Landen aus und versuchen, sich zu verstecken, indem sie nach unten ins Laub klettern. Im Winter, wenn die meisten Bäume ihre Blätter abgeworfen haben, ist es einfacher, einen Vogel mit dem Fernglas zu finden. Im Sommer kann es äußerst schwierig sein, ihn in einem Baum auszumachen. Dann verlässt man sich am besten auf seine Ohren und *hört auf die Rufe des Vogels*. Im Gegensatz zu den meisten Volierenvögeln antworten Heimvögel oft auf die Stimme ihres Halters. Benutzen Sie daher auf der Suche nach dem Vogel Ihre üblichen Rufe und Pfiffe.

Es lohnt sich, einen Handzettel mit einem Bild Ihres Vogels zu machen und diesen möglichst vielen Menschen in Ihrer Nachbarschaft zu geben.

Nach der Landung auf einem Baum wird ein entflogener Vogel sich häufig im Laub verstecken.

Einen entflogenen Vogel einfangen

Entflogene Vögel haben oft nicht den Mut, um von ihrem Sitzplatz in der Baumkrone nach unten zu fliegen, selbst wenn sie Sie erkennen.

Finden Sie nun Ihren Vogel, sitzt er womöglich ganz oben auf einem Baum oder Dach. Die meisten Vögel fliegen nicht zu Ihnen nach unten, selbst wenn Sie Futter anbieten. Sein Instinkt sagt dem Vogel, dass er oben bleiben soll, weil er dort viel sicherer ist. Oft wird er aber auch versuchen, auf Sie zuzu*laufen*, wenn Sie einen Weg finden, sich ihm zu nähern, ohne dass er irgendwohin fliegen muss. In der Praxis bedeutet das meist, dass Sie eine Leiter holen und zum Vogel hochsteigen müssen. Wenn Sie in einen Baum steigen, sollten Sie einen weichen Stoffbeutel dabeihaben, in dem Sie den Vogel für den Rückweg unterbringen können. Einen solchen geeigneten Beutel können Sie aus einem kleinen Kopfkissenbezug machen. Er sollte mit einer Kordel zum Zuziehen und einem Schultergurt zum Umhängen ausgestattet sein, damit Sie Ihre Hände beim Klettern freihaben. Oder Sie lassen den Beutel an einem langen Seil vorsichtig auf den Boden ab.

Selbst wenn Sie mit nur wenig Abstand vom Boden auf der Leiter stehen, wird der Vogel häufig Ihnen schon entgegenkommen und herabklettern. Auf die üblichen Befehle trainierte Vögel *folgen* selbst im Freien. Daher wird ein Vogel mit „Auf" sehr wahrscheinlich auf Ihre Hand steigen. Jetzt müssen Sie etwas vom Lieblingsfutter des Vogels bereithalten. Am besten bieten Sie dem Vogel ein winziges Stückchen an und bleiben bei ihm, während er es frisst, um ihn zu beruhigen. Je nachdem, wie gut er an das Handling durch Sie gewöhnt ist, müssen Sie ihn dann irgendwann sicher unterbringen. Lassen Sie ihren Papagei den Stoffbeutel erst sehen, wenn er bei Ihnen und nicht mehr aufgeregt ist und stecken ihn dann ganz in Ruhe hinein.

Haben Sie Ihren Vogel gefunden, können ihn aber nicht bis zum Einbruch der Dunkelheit einfangen, dann gehen Sie noch vor der Dämmerung am nächsten Morgen zum selben Ort zurück und versuchen es nochmals. Die meisten Papageien fliegen nach Einbruch der Nacht nicht mehr, also sollte Ihr Vogel immer noch da sein.

Wenn Ihr Vogel nicht zahm ist …

Nicht handzahme Vögel sind schwerer einzufangen und erfordern eine andere Vorgehensweise. Wenn Sie noch einen ähnlichen Vogel haben, können Sie diesen in einen Käfig tun, um Ihren entflogenen Vogel nach unten und in einen Käfig mit Futter hineinzulocken, der neben dem des anderen steht. Sie müssen einen Weg finden, die Käfigtür aus der Entfernung zu schließen. Lock- und Fangkäfig müssen hoch genug über

Verwenden Sie einen Beutel zum Zuziehen und einem Umhängegurt, um den Vogel nach dem Einfangen auf dem Baum zu verstauen. So haben Sie beide Hände frei und können sicher absteigen.

dem Boden stehen, um einen entflogenen Vogel nach unten zu locken.

Entflogene Papageien, die schnell Futter finden, sich normal verhalten und sichere Flieger sind, haben meist wenig Probleme mit ihrer Freiheit, außer bei anhaltend kalter Witterung. Die meisten einheimischen Wildvögel lassen Papageien in Ruhe, vorausgesetzt, sie verhalten sich selbstbewusst. Papageien sind intelligent genug, um schnell zu lernen, wo Futterplätze für Vögel sind oder Früchte von Gartensträuchern und Bäumen fressen. Jeder Vogel, der die ersten drei Tage im Freien übersteht, hat gute Aussichten, langfristig zu überleben. Manche Vögel werden nach über einem Monat in Freiheit eingefangen. Geben Sie also die Suche nicht auf. Je mehr Menschen Sie von Ihrem Vogel erzählen und überzeugen können, Ihnen zu helfen, desto höher sind die Chancen, ihn zurückzubekommen.

Links: *Dieser entflogene Timneh-Graupapgei fühlt sich ganz zuhause, während er reife Vogelbeeren frisst.*
Unten: *Wenn Sie zu Ihrem Vogel hinaufsteigen, ist die Chance größer, dass er Ihnen durch die Zweige entgegenkommt.*

Erste Hilfe

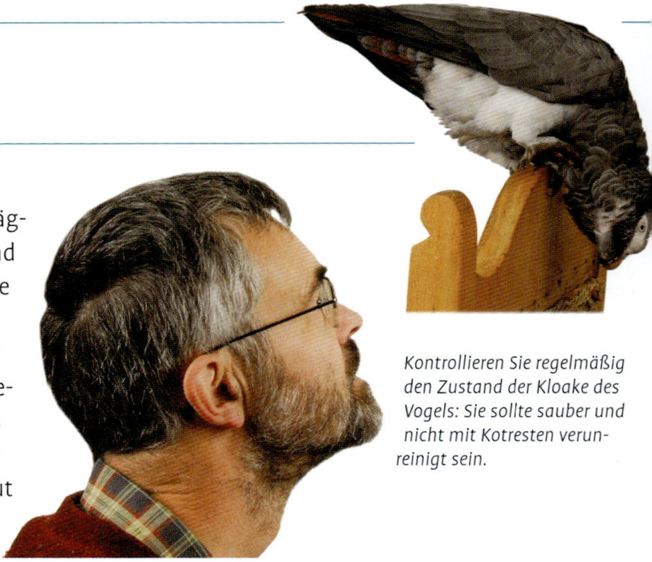

Kontrollieren Sie regelmäßig den Zustand der Kloake des Vogels: Sie sollte sauber und nicht mit Kotresten verunreinigt sein.

Mit guter, abwechslungsreicher Ernährung, täglicher Bewegung, einem reizvollen Umfeld und einer guten Beziehung zu seinem Halter sollte der Papagei sowohl physisch als auch psychisch gesund bleiben. Seien Sie dennoch für mögliche Zwischenfälle und Erkrankungen gerüstet. Zur richtigen Behandlung Ihres Vogels brauchen Sie die Dienste eines Tierarztes, der sich auf Vögel spezialisiert hat. Solche, die gut Katzen und Hunde behandeln können, kennen sich vielleicht mit Vögeln weniger gut aus und ihre Behandlung könnte die Ursache für weitere Probleme sein. Es gibt genügend spezialisierte Vogeltierärzte, die in der Behandlung von Papageien erfahren sind. Gehen Sie aber nicht unbedingt davon aus, dass Sie einen in Ihrer unmittelbaren Nähe finden. Sie sollten sich dazu in Fachzeitschriften, bei den Papageienstammtischen, die sich in vielen Orten regelmäßig treffen, oder im Internet informieren. Spezialtierärzte für Vögel verfügen über folgende Ausstattung:

- Anästhesie mit Isofluran, einer sehr sicheren Form der Narkose für Vögel,
- Möglichkeiten zur Federnreparatur, um die Flugfähigkeit wiederherzustellen,
- Möglichkeit zur Erstellung eines Blutstatus und zu biochemischen Tests,
- Verwendung eines Endoskops zur Untersuchung innerer Organe,
- Möglichkeit zur Entnahme von Gewebeproben, Biopsie, zur Untersuchung,
- Personal, das erfahren und vertraut im Umgang mit Papageien ist und ein Handtuch, keine Handschuhe, verwendet, um den Stress für das Tier zu minimieren,
- Rund-um-die-Uhr Krankenbetreuung für Vögel.

Gesunde Vögel sind tagsüber die meiste, aber nicht die ganze Zeit aktiv. Die Augen sollten klar und weit geöffnet sein. Aus den Nasenlöchern sollte kein Ausfluss treten und die Atmung sollte ruhig sein. Der Vogel sollte wach und aufmerksam sein. Das Körpergefieder sollte entspannt und leicht geglättet sein, nicht aufgeplustert oder übermäßig eng am Körper anliegen. Der Vogel sollte normal fressen und Kot absetzen, ohne übermäßige Anstrengung. Der Bereich um die Kloake sollte sauber und nicht von Kot verunreinigt sein. Beim Ausruhen oder Schlafen steht ein gesunder Vogel gewöhnlich auf einem Bein. Denken Sie daran: Kranke Vögel werden immer versuchen, *Anzeichen von Krankheit solange zu verbergen*, bis es nicht mehr anders geht.

Sofort handeln

Kranke Vögel machen oft einen müden Eindruck, ihr Gefieder scheint aufgeplustert, ihre Augen eingesunken, trüb oder halb geschlossen. Sie haben Schwierigkeiten mit dem Gleichgewicht oder damit, eine Sitzstange zu benutzen und gehen auf den Käfigboden. Der Kot kann anders sein und der Vogel frisst nicht wie immer. Kranke Vögel verlieren oft schnell an Gewicht. Sie sollten das Normalgewicht Ihres Vogels kennen und es gelegentlich kontrollieren. Erscheint der Vogel krank, dann wiegen Sie ihn

Verwenden Sie eine gute Küchenwaage und merken Sie sich das Normalgewicht Ihres Vogels in gesundem Zustand. Informieren Sie den Tierarzt über eine Gewichtsveränderung, wenn Ihr Vogel krank ist.

und notieren Sie sich das Gewicht. Es kann sogar sein, dass der Tierarzt während der Behandlung oder der Rekonvaleszenz sogar empfiehlt, zur Kontrolle das Gewicht täglich zu messen und zu notieren.

Wenn Sie glauben, dass Ihr Vogel krank ist, oder er so aussieht, als ob er sich richtig schlecht fühlt, ist er sicherlich sehr krank. Dann müssen Sie auf jeden Fall sofort handeln, damit sich sein Zustand nicht noch verschlechtert oder sie ihn eventuell schon nicht mehr retten können.

Lebenswichtige Wärmebehandlung

Kranke Vögel profitieren in der Regel sehr davon, bei sehr warmen Temperaturen, 27° bis 30°C, und in gedämpftem Licht gehalten zu werden. Die beste Art der Wärmezufuhr ist eine Infrarot-Wärmelampe, die oberhalb des Käfigs angebracht wird. Sie strahlt nur Wärme ab und kein Licht. Sie sollte so angebracht sein, dass sich der Vogel davon wegbewegen kann, wenn es ihm zu warm wird. Messen Sie die Umgebungstemperatur der Wärmelampe mit einem Thermometer, aber außer Reichweite des Vogels. Die Wärmezufuhr bewirkt, dass der Vogel regelmäßig trinken muss, achten Sie also darauf, dass er leicht an Trinkwasser und „Feuchtfutter“ wie Trauben oder Äpfel herankommt. Sobald Sie Ihren Vogel eine Wärmebehandlung zukommen lassen, rufen Sie Ihren Tierarzt an, erklären ihm die Symptome und lassen Sie sich Notfalltipps geben. Stellen Sie sich darauf ein, mit dem Vogel zum Tierarzt zu gehen. Halten Sie ihn während des Transports zur Praxis ständig warm. Ganz wichtig ist es, im Umgang mit einem kranken Vogel für ihn belastende Situationen zu vermeiden, denn Stress kann alles für ihn noch verschlimmern. Handeln Sie ruhig und gelassen, halten Sie den Vogel in gedämpftem Licht und verhindern Sie, dass er während des Transports aus dem Käfig schauen kann.

Dieser Vogel kann nach Belieben die Wärme der Infrarotlampe suchen oder meiden.

Erste-Hilfe-Checkliste

Zu lange Krallen können einem Vogel Probleme beim Sitzen und Klettern bereiten. Schneiden sie sehr lange nicht auf einmal zurück. Schneiden, besser feilen Sie über mehrere Tage hinweg immer wieder etwas ab.

Blutungen stillen

Sehr kleine blutende Wunden, auch zu kurz geschnittene Krallen, hören gewöhnlich innerhalb weniger Minuten auf zu bluten, sodass Sie nicht eingreifen und nur darauf achten müssen, dass der Vogel ruhig bleibt und sich möglichst wenig bewegt. Stärkere Blutungen müssen behandelt werden. Halten Sie dazu den Vogel in einem Handtuch sanft fest und sehen Sie zu, dass er dabei entspannt bleibt. Es hilft, seinen Kopf mit dem Tuch etwas abzudecken. Zum Stillen einer Blutung an harten Stellen wie Krallen oder Schnabel nehmen Sie einen Blutstillungsstift, wie er beim Tierarzt erhältlich ist. Sie müssen ihn ins Wasser tauchen, bevor Sie damit die Blutung behandeln. Zur Blutstillung an anderen Körperstellen nehmen Sie einen Wattebausch und drücken ihn fest, aber nicht zu fest auf die Wunde. Die Blutung sollte innerhalb von zwei bis drei Minuten gestoppt sein. Entfernen Sie den Wattebausch und gehen Sie vorsichtig mit dem Vogel um, damit die Blutung nicht wieder anfängt.

Gehen Sie, wenn Sie einen Vogel behandeln müssen, ruhig und vertrauensvoll vor. Der Vogel wird dies spüren und weniger Stress empfinden.

Checkliste

Folgende Checkliste führt die wichtigsten Erste-Hilfe-Gegenstände auf. Bevor Sie Ihren Vogel Zuhause behandeln, sollten Sie sich jedoch immer an einen Vogeltierarzt wenden, es sei denn, Sie sind sehr erfahren in der Vogelhaltung.

Sie brauchen

- Telefonnummer und Angaben des Vogeltierarztes.

Gegenstände, die beim Tierarzt oder Apotheker erhältlich sind:

- Watte und Wattestäbchen: zur Blutstillung
- Glukosepulver: als Verdünnung mit einem Teelöffel auf ½ l Wasser, um im Notfall lebenswichtige Flüssigkeiten und Grundnährstoffe zu verabreichen, wenn der Vogel Schwierigkeiten hat,

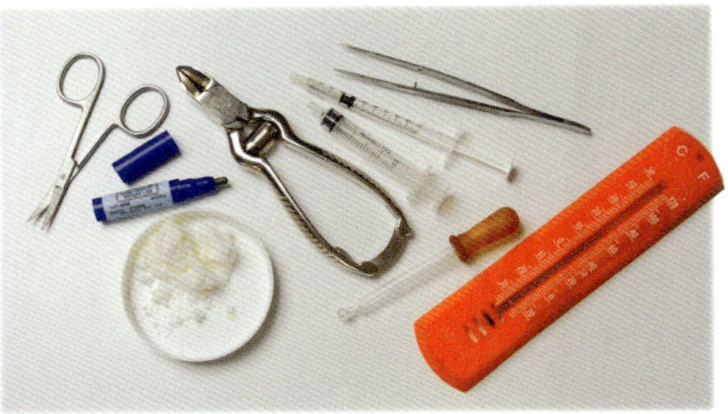

„normales“ Futter zu fressen
- Blutstillstift: zur Blutstillung nur an Krallen oder Schnabel
- Antibiotische Salbe für Vögel: zur Anwendung an kleinen Hautwunden
- Thermometer: zum Messen der Lufttemperatur, nicht zum Fiebermessen beim Vogel
- kleine Spritzen ohne Nadel: zur Verabreichung von Futter oder Medikamenten
- Zange
- Schere

Gegenstände, die beim Fachhandel für Vogelbedarf erhältlich sind:

- Antiseptikum für Vögel: zur Desinfektion von Gegenständen, mit denen der Vogel in Kontakt kommt, wie Spritzen, Futterlöffel, Futternäpfe, etc.
- Elektrolyt-/Probiotische Lösung: als Stärkungsmittel, zur Unterstützung der Verdauung und nach Absetzen anderer Medikamente wie beispielsweise Antibiotika
- für Vögel ungefährliches Desinfektionsmittel: zur Reinigung von Käfigen, Volieren und Sitzstangen
- Multivitaminpulver für Vögel: zur Versorgung besonders kranker oder fehlernährter Vögel mit allen essenziellen Vitaminen und Mineralstoffen
- Infrarot-Wärmelampe oder Krankenbox: um einen kranken Vogel zu Genesung bei höherer Umgebungstemperatur zu halten
- Transportkäfig mit niedriger, fest angebrachter Sitzstange
- Futter für die Handfütterung: zur Notversorgung als warmes und relativ dickes „Flüssigfutter“, das mit Futterspritze oder Futterlöffel verabreicht werden kann

Haushaltsgegenstände:

- Handtuch: um einen Vogel bei Bedarf zu halten, z. B. Verabreichung von Medikamenten. Das Handtuch sollte von neutraler oder heller Farbe wie Weiß, Creme oder Hellgrün sein, denn dunkle Handtücher können den Vogel erschrecken
- gebogener Futterlöffel zur Eingeben von Medikamenten oder Futter (siehe unten)
- hochwertige elektrische Küchenwaage zur Gewichtskontrolle
- kleine scharfe Schere

Register

Anmerkung: **fett** gesetzte Seitenzahlen geben einen Haupttexteintrag an.

Bildnachweis

Mit Ausnahme der nachstehend aufgeführten Bildnachweise stammen alle Fotografien in diesem Buch von **Neil Sutherland** für Interpet Publishing. Der Verlag dankt ebenfalls Mike Taylor von **Northern Parrots** (www.24Parrot.com) für die Fotos der nachstehend aufgeführten Käfige und Käfigausstattungen. Die Bildnachweise für die auf den Seiten 1–3 in Kästen gesetzten Fotos beziffern die Fotos von links nach rechts auf den jeweiligen Seiten.

Jane Burton, Warren Photographic: 30 oben rechts, 60–1.
Philip de Ste. Croix: 106 Mitte.
Greg Glendell: 104 oben, 119 unten rechts, 121 oben links.
Interpet Ltd: 89 oben rechts
Istockphoto.com:
Roberto Adrian: 22 links
Robert Ahrens: 11 links
Cynthia Baldauf: 121 unten rechts
Stacy Barnett: 14 (Kasten und ff.), 22 Kasten und ff.), 112 links.
Vera Bogaerts: 91.
Alex Bramwell: 30 unten links.
Emily Bristor: 31 rechts.
Patrick Bronson: 6.
Sandra Dunlap: 30 unten rechts.
Lisa Eastman: 23 oben.
eROMAZe: 37 unten rechts.
EuToch: 4–5 (Kasten 4).
Dany Farina: 40 unten.
Lee Feldstein: 1 (Kasten 1), 2–3 (Kasten 1), 4–5 (Kasten 6), 28 unten Mitte, 30 (Kasten), 36 oben rechts, 37 unten links, 41 rechts, 42 oben rechts, 109 rechts.
Susan Flashman: 32 oben Mitte.
Micha Fleuren: 28 (Kasten).
Nical Gavin: 48 unten links, 82 unten links.
Steve Geer: 35 oben, 42 Mitte links.
Joanne Green: 86 links.
Andrew Howe: 47 unten rechts.
Eric Isselée: 2–4 (Kasten 5), 6 (Kasten).
Kevdog818: 16 oben.
Kerstin Klaassen: 36 (Kasten und ff.).
Jill Lang: 4–5 (Kasten 8), 27 oben links, 37 oben rechts, 39 oben links und rechts, 40 links.
Mandygodbehear: 81 unten rechts.
Sue McDonald: 32 unten links, 47 unten links.
Vasko Miokovic: 103 oben.
Jim Mires: 46 (Kasten und ff.).
Eli Mordechai: 58 links.
Mval: 85 oben rechts.
Nancy Nehring: 8 (Kasten und ff.).
Giacomo Nodari: 2–3 (Kasten 7), 60 (Kasten und ff.).
Joanne Pecha: 1 (Kasten 3).
Dmitry Pichugin: 34 oben.
Pixonaut: 18 oben links.
Jan Rihak: 119 oben.
Malcolm Romain: 118 unten.
Ronen: 24 unten links.
SkyCreative: 34 unten links.
Laurie L. Snidow: 56 oben.
Eline Spek: 34 (Kasten).
Tyler Stalman: 102 oben.
Douglas Stetner: 32 oben.
Susan Stewart: 62.
Mark Stout: 2–3 (Kasten 3).
Ashley Whitworth: 34 unten Mitte.
Lisa F. Young: 41 oben.
Frank Lane Picture Agency/flpa-Images.co.uk: 8 (Frans Lanting/Minden Pictures), 10 (Jürgen und Christine Sohns), 13 links (Mitsuaki Iwago/Minden Pictures), 13 rechts (Frans Lanting/Minden Pictures), 26 oben rechts (Jürgen und Christine Sohns), 27 unten Mitte (Pete Oxford/Minden Pictures), 27 unten rechts (David Hosking), 33 oben Mitte (David Hosking), 98 oben rechts (Pete Oxford/Minden Pictures), 99 oben (Jürgen und Christine Sohns), 99 unten (Frans Lanting/Minden Pictures).
Northern Parrots: 44 oben Mitte, 84 oben Mitte, 85 unten links und Mitte, 86 oben, 88 unten links, 89 oben links und Mitte, 98 unten Mitte.
Professor Irene Pepperberg, The Alex Foundation: 83 oben, 83 unten (mit Dank an Arlene Levin-Rowe).
Shutterstock Inc:
John Austin: 12 oben.
Stacy Barnett: 58 oben.
Kevin Britland: 33 unten.
Katrina Brown: 35 unten, 39 unten Mitte.
Stephen Coburn: 120 oben.
Judy Crawford: 114.
Steve Cukrov: 26 links.
Demark: 38 unten rechts.
Joe Gough: 11 rechts.
Joanne Harris und Daniel Bubnich: 32 oben rechts, 39 unten links, 39 unten rechts.
Kasia: 15 oben links.
Lancelot et Naelle: 90.
Jill Lang: 36 links.
Tan Yoke Liang: 18 unten rechts.
Adrian Lindley: 92.
Jasenka Luksa: 52–3 oben.
Lori Martin: 4–5 (Kasten 2).
Holger Mette: 9.
Debbie Oetgen: 28 oben.
James Doss: 98 (Kasten und ff.).
SGC: 7, 118 (Kasten und ff.).
Mark E Stout: 31 links.
Nick Stubbs: 46 unten.
Sword Serenity: 28 unten rechts, 97 unten.
Morozova Tatiana: 87 oben rechts.
Ivan Tihelka: 87 unten.
Tihis: 20 unten links.
Nathalie Speliers Ufermann: 26 (Kasten).
Gert Johannes Jacobus Very: 12 unten.
Elena Yakusheva: 37 oben links.